立人天地

如何观星

HOW TO GAZE AT THE SOUTHERN STARS

【新西兰】理查德·霍尔◎著

梅叶萍◎译

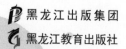

黑龙江出版集团

黑龙江教育出版社

版权登记号：08-2017-058

图书在版编目（CIP）数据

如何观星 /（新西兰）理查德·霍尔著；梅叶萍译 .
-- 哈尔滨：黑龙江教育出版社，2017.4
（乐活）
ISBN 978-7-5316-9202-7

Ⅰ.①如… Ⅱ.①理… ②梅… Ⅲ.①天文观测 - 基本知识
Ⅳ.① P12

中国版本图书馆 CIP 数据核字（2017）第 084156 号

乐活：
LEHUO:

如何观星
RUHE GUANXING

作　　　者	[新西兰]理查德·霍尔	
译　　　者	梅叶萍	
选 题 策 划	吴　迪	
责 任 编 辑	宋舒白　杨佳君	
装 帧 设 计	Amber Design 琥珀视觉	
责 任 校 对	张爱华	
营 销 推 广	李珊慧	

出 版 发 行	黑龙江教育出版社（哈尔滨市南岗区花园街 158 号）
印　　　刷	北京鹏润伟业印刷有限公司
新 浪 微 博	http://weibo.com/longjiaoshe
公 众 微 信	heilongjiangjiaoyu
天 猫 店	https://hljjycbsts.tmall.com
E－m a i l	heilongjiangjiaoyu@126.com
电　　　话	010—64187564

开　　　本	880×1230　1/32
印　　　张	7.75
字　　　数	93千
版　　　次	2017年6月第1版　2017年6月第1次印刷
书　　　号	ISBN 978-7-5316-9202-7
定　　　价	32.00元

感谢我的父母，瑞科·霍尔（Rick Hall）和玛格丽特·霍尔（Margaret Hall），是他们激发了我的好奇心，让我去探索我们身处的这个宇宙。

目　录

contents

我们为何要观星？

已知有限，未知无限，我们睿智地站立于小岛之上，置身于未知茫茫的大海中央。而我们每一代人的责任就是一点点地去填埋这片未知的大海。

——托马斯·亨利·赫胥黎，1887 年

这是一首耳熟能详的儿歌，会勾起人们幼年时对外太空强烈的好奇心：

一闪一闪小星星，

我在好奇你是谁。

为何站得那么高，

就像钻石挂夜空。

一闪一闪小星星，

我在好奇你是谁。

在我很小的时候，便对夜空的奇妙产生了浓厚的兴趣。本书记录了我对夜晚深空的痴痴迷恋，而这种痴迷伴随了我一生的时光。对此，我希望与你们一起分享，分享所谓的我对宇宙的敬畏之情。让我们一起开始一段美妙奇幻、激动人心、遥无尽头的星空之旅！天文学的确是一个宽泛的主题，因为它与其他学科都有或多或少的关联，但是，没有一本足够庞大的书籍，大到能完全囊括天文学的一切。因此，我希望这本书能带给你些许启发，让你亲自去发现宇宙中的奇迹。

我对星空的兴趣，始于小学时代。那时，我们家住在离伦敦约一个小时火车车程的地方。还记得妈妈经常带我和妹妹们去参观伦敦大博物馆。而我最喜欢的是自然历史博物馆，里面最让人兴奋的是化石馆。第一次跨进巨大的展馆大门，门口赫然摆放着一具梁龙骨架，龙身长达97英尺。梁龙生活在1.2亿年前的地球上，当时的我看得入了迷。在地球的历史长河中，龙的确在地球上留下了足迹。我着了魔似的，想一探究竟——地球的历史脉络、昔日的万物生灵，还有我们所处的世界往日的面貌及环境都发生了哪些变化。

妈妈也经常带我们去看电影，有天晚上她带我们去看了电影《火星入侵者》(*Invaders from Mars*)。影片讲述一个小男孩在一个雷电交加的暴风雨夜晚看到一个飞碟坠落在田地里。但是，镇上没有人相信他的话，而最后，潜伏在地下的太空船里的火星人逐渐开始控制当地的村民，而男孩的父母也在其中。

虽然当时看这部电影完全就是一次可怕的经历，但它也引发了我的思考。那晚，在我们回家的路上，夜色明朗，星光闪烁。记得我当时还在想，是否其中闪烁的一个星点就是火星。也许那里真的有外星人，能穿越浩瀚的星空。我在想那些发生在这个世界上的奇迹，也开始想知道宇宙的其他地方是否也可能存在什么生物。至今我都还会去猜想这些事情。

我们生活的宇宙浩瀚无垠，远远超出了人类思维所能企及的广度和深度。已知宇宙星河无数，其数量远非地球上所有沙滩的沙粒总和所能企及。每一颗星星都是一个太阳。十之八九，围绕着这些太阳运行的星星形成一个行星系。

已知宇宙内的未知世界绝对是数不胜数的。任何我们想象到的，或者想象不到的，都可能存在于宇宙的某个地方。这是巨大宇宙的奥秘所在，其无与伦比的美丽，让我沉醉其中。对我来说，天文学是一场对时间和空间的冒险。

很多人认为，地球之外的宇宙空间离我们很遥远，甚至对我们的日常生活而言无关紧要。然而，没有什么比源于真相的事物更遥远了。我们的恒星——太阳，为地球带来了温暖和光明，没有太阳，地球上不可能有生命的存在。太阳能源驱动着地球上一年的四季更替，而这种能源的波动会导致地球上的干旱、洪涝、冰冻。从较小程度上来说，月亮也相当于一个太阳，因为它会引起地球上的潮涨汐落。有时，巨大的流星撞击地球，会破坏地球的环境并改变人类的生命历程。而宇宙辐射会导致生物的基因化。我们与除地球外的宇宙空间是密切相关的，而这种密切关系可能超乎人的想象。弗雷德·霍伊尔（Fred Hoyle）曾经说过："太空离我们一点也不遥远。如果你的车可以向上直走的话，到达太空也就一个小时的车程。"

经常有人问我，宇宙的广袤无边是否会让我觉得自己特别渺小。其实，我们人类并不是沧海一粟。人类也不是独立于宇宙单独存在的，我们是宇宙的一部分。恒星数百万年的内部作用形成了我们身体的原子和分子，甚至早于地球。这些恒星陨落后，其残余物质抛向太空。这些残余物质最终被包裹起来，又形成新的恒星和行星，而其中一个便是我们赖以生存的地球。理论上，我们每个人都是尘埃的结晶，上升到某个意识层面的话，我们就是宇宙，而我们观察的就是我们自己。

如何开始观星？

成为一名天文学家需要什么？对于很多人来说，天文学以及其他很多学科都是紧密结合在一起的。不止一人对我说，他或她一直对天文学感兴趣，但是不知道自己的数学基础是否足以应付。实际上，学习天文学并不需要你成为一位数学家，就像如果你要观赏和考察原始森林，并不需要拥有植物学学位一样。你所需要的是满腔热情。

如果你不打算继续做一个空喊口号的天文学爱好者，那么，第一步要做的是熟悉一下夜空。你并不需要一架天文望远镜来开始你的观测之旅，你可以仅凭一双肉眼开始。根据本书所介绍的恒星、行星和星座图确定自己的方位。在我开始观星时，也只有简单的恒星图和用来看图的红光小手电——在普通手电外面裹一层红色透明纸就可以。

为什么天文学爱好者们要使用红光手电？因为如果在漆黑的夜晚从一个灯火通明的房间走出去，你会发现你几乎什么也看不见。最初，你只能看到那些明亮的恒星。然后，慢慢地，那些光芒微弱、略显黯淡的恒星也能看得清了。让你的眼睛完全适应黑暗至少需要 10 分钟的时间。此时，华丽壮阔的银河逐渐清晰可见。如果手持强烈的白光手电，眼睛就会觉得不适应。红光之于眼睛对黑暗的适应力影响最小，所以如果你需要看星图表，红光手电的亮度就足够了。

其他唯一你必须要做的就是穿暖和点：即使是在夏天的晚上，如果你一直不动地观察，也可能会着凉。新西兰冬日的夜空景色十分壮观，但要观赏这一美景，你需要穿上保暖内衣裤，还有羊毛袜子，并戴上羊毛手套和厚帽子。

天文望远镜并不是必需品。但是如果你考虑

买一架的话，那么，我建议你买一副好的双筒望远镜。因为相较于廉价的天文望远镜，一副好的双筒望远镜能呈现给你更棒的视野。这是一笔值得的投资，即使日后你又买了天文望远镜，它们也仍然有用——除了眺望星空，它们还有很多其他用途。

对于天文学来说，单筒望远镜或双筒望远镜最重要的一点就是孔径，也就是物镜或主镜的直径。这决定了望远镜聚集光线的能力以及你所能观察到物体的微小程度。肉眼通过虹膜的孔径所能看到的物体是有限的，最大约为直径 5 毫米。针孔透镜直径为 150 毫米的单筒天文望远镜，可以有效地让眼球扩大到车轮大小。

两个数字，例如 6 × 40，表明一副双筒望远镜最主要的特点。"6×"指放大的倍数，"40"指孔径长度（毫米）。虽然放大倍数不像孔径那么重要，但必须记住的是，放大的倍数越大，视野范围越小。若想体会星空和银河之美，最好是用较大的视野去观看，因此，我的建议是选择低倍双筒望远镜。而且，如果放大倍数超过了"8 ×"，若没有外力支持，你会很难拿稳这副望远镜。的确，孔径越大越好，但孔径越大，价格越高。我觉得用于观星最佳的双筒望远镜指数是 7。这也是海军用于夜间观察的标准。

如果你真的被天文学深深吸引，可能用不了多久你就会想要一架天文望远镜。一架好的天文望远镜价格高昂，如果你买新的，就算是中端配置，也要差不多 1 000 美元。市场上有很多廉价天文望远镜，而卖家往往会夸大它们的功能，稍不留神，你就会买到一个垃圾玩具。此外，没有任何一架天文望远镜可以适合天文观测的一切需求。比如，长焦距望远镜适合观察行星，而短焦距望远镜适合观察大范围的天体，如星系（受引力作用，数十亿颗恒星聚集在一起形成的孤岛宇宙）和星云（大型星际气体和尘埃组成的云团）。

用价值 250 美元的望远镜观看，有些人可能会感到失望，因为他们看不到用哈勃望远镜所能看到的景色。但你仔细想想，如果只需要从百货商店买一个塑料棒就可以搞定，那么，美国宇航局为何还要花费20多亿美元在哈勃望远镜的研发上呢？我的建议是，加入一个当地的天文学会，在买之前，先试着用不同的望远镜进行观测。而且在这里你常常有机会买到一些性价比不错的二手望远镜，还能从那些经验丰富的观察者那里得到一些观星建议。我所在的天文学会里有很多大型天文望远镜供会员使用，但如果要自掏腰包购买，恐怕大多数人都难以承担。

这不是一本天文学教科书，而是一本关于夜空的奇观景象和多种多样的星月神话传说的介绍性书籍。这还是一本便于携带的休闲书，你可以带着它去探索宇宙美丽的万千星光。希望这本书能使你开启观星之旅。

首先，我将从星相学的起源说起，介绍天文学为何是一个文明崛起的基石。接下来，我会说说地球上看到的夜空，"它是如何运转的"。然后，我们再来一场星空旅行，找到那些明亮的恒星、重要的星座以及其他宇宙奇迹。记住，因为宇宙的浩瀚无穷，任何星空观测都无法将所有天体尽收眼底。我会介绍一些很容易辨认的恒星和星座，但要注意，除了本书介绍的之外，其实还有很多很多其他恒星和星座。

整本书，我都会讨论与天体有关的科学和神话。科学揭示了宇宙的奇迹，而神话则戏剧性地说明了我们的祖先们曾试图探索和研究的周围的宇宙空间。

古代的篝火

世界只有两种可能性：我们是宇宙中唯一的生物，是或不是。无论哪一种都很可怕。

——阿瑟·C.克拉克（Arthur C.Clarke）

人类对于星星的探索在很早很早以前就开始了。想象一下，夕阳西下，非洲大草原的晚霞逐渐脱下了火红的外衣。在夜幕降临之际，我们祖先中的一个小家庭温馨地围着篝火而坐。然而，这美好的画面只是我们的想象而已，因为黑暗中的他们软弱无力。整个夜晚，耳边咆哮着生猛恶兽的嚎叫，狮子、豹子、鬣狗。夜里是捕食者的天下。唯有熊熊火焰能带给他们一丝慰藉：篝火供暖、点亮黑夜，且能让豺狼虎豹避而远之。

在柴火燃烧的噼啪声以及夜晚的风声中，他们抬头望向夜空，观看星星。他们或许在想，天上这些神奇的亮光是什么？其中一些星光闪烁，就像他们的篝火一样。也许对其他仰望星空的人们来说，他们也是那远处的篝火？对于明亮的星星和它们组成的图案，早期的占星师们非常熟悉。人类的世界充满了未知，而星星的永恒性和可预测性，却给人类带来了某种慰藉。

我们与那个围着篝火观星时代的小家庭间隔了5 000多代，人类生活方式的变化也始于此。大约10万年前，我们的祖先走出了非洲发源地，迁移到了亚洲。大约6万年前，我们的祖先到达了现在的澳洲大陆。这些移民定居在热带或亚热带地区，因为那里季节变化不明显而且食物资源丰富。虽然他们会使用火，也懂得建造居所，但他们只会制作简单的手持石器工具。他们以小型群居为主，总人口数量不多，所以对自然环境几乎没有什么影响。

大约 4 万年前，也就是从非洲迁出 6 万年后，人类出现了第一次人口爆炸。一个有着先进新技术的种族出现在欧洲和小亚细亚地区。他们不但强势攻占了第一批非洲移民到达的领域，而且还继续向温带和北极地区迁移。在冰河世纪末的 8 千年至 1 万年之前，他们主要定居在大陆板块。1 000 年前，地球上可居住的陆地已经被占领完，新西兰的奥特亚罗瓦岛（Aotearoa）是最后一块。

导致人口急速膨胀的原因是什么？为什么这部分人能做到？与前人不同，新兴人类会制造精细的手工工具和武器。他们用针和线做衣物和鞋子，用弓箭和鱼叉狩猎。他们也创作艺术作品，并在不同区域进行物物交换，虽然他们仍然是以狩猎为生的小型游牧群居居民，但在技术和文化方面却有了巨大的进步。

新的文化起源于有明显季节变化的温带地区。为了生存，这些人必须学会应对极端气候，适应随季节变化而有明显差异的食物资源。这需要巨大的技术进步，反过来也要求群体知识水平的大幅提升。人们需要把复杂的知识信息相互传授，并且代代相传。我们知道，这种新人类的祖先与他们的前人所不同的是，他们能猎到大型危险动物——一种需要人们提前计划、相互协作、及时沟通的活动。而最有可能让这一切实现以及异于前人的途径就是一种复杂语言的诞生和发展。

很多动物，尤其是灵长类动物，往往是以群居形式生活在一起，它们使用一种简单的语言进行交流，即用不同的声音或手势做类似语言的表达。海豚可能是个例外。但在把字符串起来传达复杂信息的能力上，人类却是独一无二的。

可能是人类某个特殊孤立种群中的基因变化催生了语言（能够组织复杂的思想并传输给他人）。不难猜想，世界上的每一个群体和每一种文化，甚至每一种语言都可能有共同的起源，源于一小撮生活在4万年前的男男女女们，一群我们知之甚少的人类。

追星赶月

对于那些从非洲伊甸园中迁移出来的人们来说，辨识星星是必不可少的技能。如同现如今北美平原上的印第安人，他们会追随大型狩猎动物的季节性迁徙路线而行。导航能力至关重要，特别是对于那些住在辽阔地形上且要远距离赶路的人们来说，他们无疑是根据太阳、月亮及星星来判断方位的。

大多数今天常用的星星的名字都源于阿拉伯语。阿拉伯人是了不起的航海家，他们跨越的不是水之海洋而是沙漠瀚海。想象一下阵阵热浪来袭，一望无际、毫无标志的沙漠之海。天际之外的某处可能会有一片绿洲，如果你想生存下去，就必须找到它。流沙成片，没有道路和地标，你如何找到方向？像活在 4 万年前的人们那样，靠天上的星星定位。

对生活在北方的游牧民族来说，对季节变化的预测至关重要。狩猎动物迁徙时，移动速度比人类的脚程快多了。一天清晨，人类醒来时周围的森林寂静无声，因为动物和鸟类都迁走了。如果没有野果或蔬菜，那人类的食物来源也一夜之间迁走了。过早到达一个地方，可能是无法采集到食物的；而离开太晚，河流水位不断上涨，或者天降大雪，也会将人类困住。知道什么时候迁移决定了人类能否存活下去。但如何知道什么时候迁走才合适呢？

夜空中的星辰随着季节变化而有所不同。然而，同一颗星星，总是年年如期而至。我们的祖先很快认识到，某些星星的出现预示着季节性的变化。他们开始将这些星星拼在一起，形成容易识别的图案。今天，我们称这种星辰组合为"星座"。重要星星和星座的名字往往能够反映某个特殊季节里发生的某种现象：有时形状像某些动物或鸟类，如天鹅（天鹅座）、狮子（狮子座）、熊（大熊座）；而有时则预示着季节性的变化，如即将进入风季或雨季。

　　谈到星座，即使是天文学家也难以解释。我曾在一本书中读到，星座源于"人类对于可以在群星中看到某些传说中的生物和神话中的英雄的幻想"，而这是个止确的。

　　当我在卡特天文台的天文馆工作时，经常有前来参观的游客要求我帮他们找出某些星座。通常是黄道十二宫中的某个星座，而黄道是指以太阳、月亮和行星的运行轨迹而形成的轨道平面。而被要求查找的星座，往往是这些游客本人的星座。

　　指出游客想找的星座时，他们通常很惊讶（或失望）地发现，星形与星座的名称（他们的星座）并无多大联系。这是因为星座名字源于其象征意义或实际意义，而并非源于它们与神话中的生物外形的相似。例如，水瓶座（持水者）名字的来源并不是它看起来像一个人从瓶里往外倒水，而是这组星体如果在太阳之前升起，则标志着雨季的来临。持水者象征着神将水倾倒于大地。重要的是这些星座的含义，而非它们所组成的图形。

当然，对于生活在不同气候带的人们来说，同样的事物在不同时期，其重要程度有所不同。因为地理差异、文化差异也很普遍，所以对于同样的星体和星座有着不同的解读。一些比较重要的星座的象征意义，包括黄道十二宫的星座，因为起源于很久以前，所以被世界各地的文化普遍接受。地域不同，时代不同，星座的名字可能有所差异，但其组成的星体和象征意义大致相同。

然而，一些古老的星座对于某种文化来说是独一无二的，并对当地人们的生活方式、地域和环境有着特殊的含义。重要的是要记住，组成星座的星星彼此间通常无实际的物质关联，这种关联是人为创造的。

现代使用的星座名称是由国际天文联合会这个机构统一指定的，整个天际被划分成 88 个特定区域，也就是现在的 88 个星座。

大多数星座的名字都源于古希腊，大多数情况下，它们结合了名字相同的古老星座中的星体。但是，不同国家的人们根据当地民间传说使用一些非官方名称：这些应被称为星群。例如，"锅形星座"（南半球）、"镰形星座"（北半球）、"犁形星座"（欧洲）。这些名称其实指的都是北斗七星——围绕北极的七颗恒星。北斗七星对于北半球的人们来说，就像南十字星座对于南半球的人们那么重要。美国人称这个星座为"大熊座七星"。

形成一个星群的星体可能是一个更大星座的一部分，或者它们可能分别来自不同的星座。举个例子，如"假十字"也是由四颗星组成，与南十字星十分相似，还有"夏季大三角"，由三颗横跨银河的明亮的星组成。

"犬星"的由来

我这可怜的败犬，今晚将仰天长啸，追随伟大胜利者的荣耀，一路狂奔，穿越黑暗。

——罗伯特·弗罗斯特（Robert Frost），

《大犬座》（*Canis Major*）

犬星的故事说明了星星的名字如何包含了一层隐藏的意思。儿时的假期，我经常和奶奶在乡下度过。远离了城市的霓虹闪烁，乡下的夜空就像那黑色的天鹅绒，上面缀满星星。还记得一个秋夜，晚风徐徐，父亲来看我。夜幕降临，他和我坐在屋外，一起看天上那无数的星星闪烁。其中一颗星星明显要比其他的亮，星光透明的白点一闪一闪，挂在夜空就像远处的篝火。父亲说，那颗星叫"天狼星"。后来我发现,"天狼星"可谓人尽皆知,但鲜有人知道它为何叫作"天狼星"。几十年后,在我了解了星学神话之后,我找到了答案。

"天狼星"是"犬星"的民间叫法,也是整个夜空中最亮的星。很多人认为,"天狼星"之所以被叫作"犬星",是因为它是大犬座中最亮的星。但事实上,"大犬座"这个名称最初仅被用于称呼这颗星,后来人们才以此命名了这个星座。小犬座同样如此,在古代,只有这个星座中最亮的星才被叫作小犬星。希腊人称之为安特坎尼斯或北天狼星,如今我们称之为"南河三",即"小犬星"。

天狼星和南河三分别位于银河系的两侧。在古埃及,天狼星是与伟大女神伊希斯相关的。据说,这颗星是她不朽的神灵。伊希斯嫁给了她的哥哥奥西里斯,他是尼罗河的"丰饶之神"和"冥界之王",天狼星的名字可能源于他的名字。而天狼星最早出现于埃及纪念碑和神庙墙壁上,是在公元前3285

年，当时，它受到整个尼罗河谷人民的敬拜。

　　古埃及人相信，地球是不朽的天堂在银河这条天际尼罗河中的一个映像。仲夏之夜，天狼星在太阳之前升起，标志着尼罗河流域即将泛滥，埃及新的一年来临。对于埃及人来说，尼罗河流域的洪水泛滥是一年之中最重要的大事，它给这片土地带来肥沃的土壤。对于整个尼罗河流域的居民来说，这关系到他们的生存与繁荣。埃及人相信，地球上的所有事都是由神掌控的，他们把尼罗河流域的泛滥归功于天狼星，因此，伊希斯被称为"丰饶女神"。

　　现在回答这个问题：为什么天狼星和南河三被叫作犬星？最早的时候，牧羊人用狗看守他们的羊群，警告任何靠近的危险动物。尼罗河的泛滥对埃及人的生存至关重要，可这也给生活在冲击平原上的人们和动物带来了危险。天狼星和南河三就是夜空中的牧羊犬，分别位于两侧守护着天上的尼罗河。它们在仲夏之夜升起以警告牧羊人洪水要来了，他

图1 5 000 年前,黎明时分的南河三和天狼星

们应该把羊群赶往更高的地方。

随着时间的推移,犬星的意义变了。天狼星的出现意味着"炎炎夏日"的到来,公元前 500 年,天狼星在太阳之前升起,同时太阳并入狮子座。这标志着一年中最热的时候到了,因此有个节气俗称"三伏天":"犬日"的下午是炎炎夏日中最热

的时段。

在欧洲和中东，这是一个炎热的时段，是每年最不利于健康的时段——天狼星的出现伴随着疾病。荷马这样描述天狼星：

> 夜空中最亮的星，
>
> 却象征着死亡，
>
> 邪恶的降临。

蒲柏这样说道：

> 无与伦比的壮丽！
>
> 因它灼热的气息，
>
> 烧红的空气中沾染了发热、瘟疫和死亡。

无论逢好运还是倒霉，狗都被拉下了水！

这个故事里的犬星只是今天常用的名字和谚

语，我们大多数人都不知道它的起源和意义。其他
恒星和星座的名字亦是如此，每个星座背后都有一
个美妙的故事。

消失在暮色中的星辰

任何长期观测夜空的人都知道，个别恒星或星座会连续出现，长达数月。此外，每晚你锁定的那颗星或那个星座升起或落下会比夜幕降临稍早一点。那么，古人如何通过星象来预测季节的变化呢？

如果你坚持夜夜观星，就会发现，它们正在慢慢向西移动。你锁定的那颗星会离太阳越来越近，近到难以看见了，最后消失在西方的晚霞里。大约一个月后，这颗星又重新出现了，恰好在太阳之前从东方升起。

从一个黎明升起到下一个黎明升起的循环，正好一年时间。古埃及人把它作为出生、死亡和复活的宇宙循环。当这颗星消失在西方的暮色中时，他们认为它已经被太阳的火焰吞噬殆尽了。再次在东方黎明中升起，则被认为是浴火重生。

这颗星第一次在太阳之前升起之际，便是"偕日升"的确切含义。在大多数文化中，"重生"被视为季节变化或某个事件的前兆。例如，近2月底，毛利人第一次看见明亮的恒星"法老"，俗称"织女星"，象征红薯农作物成熟了，夏季快要结束了。

由于星辰或星座的"重生"与重要的季节性事件之间有着明显的关联，从而诞生了伪科学 —— 占星术。占星术认为，地球上的事件由天上的星辰掌控，而那些会观星象的人能预测未来。

古希腊人并不相信占星术。文艺复兴时期，现代天文学的兴起证明了占星术是基于错误的认知而产生的。例如，天狼星第一次在黎明前升起只是恰好在尼罗河洪水发生前，纯属巧合。而如今，由于天体岁差的影响和26 000年一循环的地轴摆动，这两个事件不再巧合地同时发生了。但是，这种早期的错误认知却已跨越时空，传到了世界的每一个角落。

人们常把占星术和天文学混淆，甚至不止一次，我被别人误认为是占星家。在我看来，二者差异很大，因为占星术只是一种信仰体系，也就是说，它依赖的是人的信仰，而不是科学。

新时代的伪科学表面上看起来十分合乎逻辑且有一些事实依据，然而，任何有点基本的科学知识的人都能很容易地察觉到里面的谬误与错解。例如，精神失常、犯罪、流产都通通归咎于满月，而这只是开始。伪科学还提出来一些观点：月亮影响地球而出现涨潮。人类主要由水构成，所以月球必然也对人类有影响。

这听起来似乎很有道理。但实际上，月球引起潮汐是因为地球一端与另一端的引力差，跨度为12 576公里。月球对人体的万有引力长度，最多为

2米，其影响可以说是微乎其微的。乘坐电梯都比你头顶上空运动的月亮对你的影响更大。只是，乘坐电梯不会导致人们变得疯狂 —— 至少正常情况下不会。

说书人

我们已经习惯认为神话是站在科学的对立面的。但实际上，它们是科学的核心内容——它们决定了科学在我们生活中的重要性。

　　——玛丽·米基利（Mary Midgley），
　　《神话世界》（*The Myths We Live By*）

　　今天的知识和信息都是唾手可得的。坐下来想象一下，如果没有时钟、日历、书籍、电话、收音机、电视机和电脑的话，我们该怎么办？我想，我们的生活会陷入一片混乱吧。然而，在人类的大部分历史上，并没有书籍或日历这类东西，更不要说时钟和电子设备了。

　　那么，在书面语出现之前，人们如何储存信息呢？在很多社会群体中，人们会精心挑选一些人进行训练以记住特定的知识，比如宗谱、星相学、部落史。接受训练要从儿时持续到成年。于是，这些"智男智女"就成了一本活生生的书，为这个群体提供准确的知识和信息。

因为信息必须要记得和应用准确，所以融入了故事、诗歌和歌曲，例如，下面这首摇篮曲：

玫瑰花尖隆啊隆

一袋花束随身伴

若是阿嚏阿嚏呀

我们都会倒下喽

这首儿歌是在我上学之前学的。我和朋友们手牵手围成一圈，边唱边跳。当我们唱到"我们都会倒下喽"时，我们也真的倒下，然后哈哈大笑。对于孩子来说，这不过是个好玩的游戏。或许，它还有某种最初的意义，只不过我们都不记得了吧！

事实上，这首儿歌源于 17 世纪的英格兰。当时，黑死病和鼠疫肆虐了整个欧洲，死亡人数上百万。每一行都包含了一条孩子需要知道的重要信息："玫瑰花尖隆啊隆"指红色的隆包，长在患者的脸上和身体上；"一袋花束随身伴"指应该随身携带鲜花和香草以抵御瘟疫；"若是阿嚏阿嚏呀"则是一个警告，因为打喷嚏是感染的第一个症状；而"我们都会倒下喽"指那些染上瘟疫的人会死去。

还是孩子时，当我发现自己已经出现黑死病的症状时，很是惊恐。可能大多数的学校老师也不知道，这首儿歌的背后还有如此令人恐惧的原因。但是这个例子也表明，以讲故事的形式把人们需要记住的重要信息表达出来，简单且准确，倒不失为一种有效的策略。只要你还记得这个故事，就能记住这些信息。

我相信，所有古老的故事都包含一些重要的生存信息。天文学方面的神话丰富多彩，但故事往往被人们忽略了，尤其是科学家们，他们认为，神话只是简单的故事而已，并无任何有用的信息。恰恰相反，根据我的研究，这些神话故事包含了很多今天仍有用的信息与知识。事实上，我认为，文明是建立在包含古代星学的知识之上的。从这个层面上讲，没有什么可以与神话学相媲美了。

伟大传统的崛起

无论是人类、植物还是宇宙的尘埃，都伴着神秘的曲调翩翩起舞，随着远方的乐师低吟浅唱。

——阿尔伯特·爱因斯坦

在最后一个冰河时代，游牧民族的生活开始慢慢转变为以园艺为基础的永久定居。最古老的永久定居出现在约旦河谷，可以追溯到 19 400 年前。同时期，在日本也发现了定居的痕迹。15 000—8 000 年前，随着冰雪融化和气候变暖，人类大量定居开始出现在一些土壤肥沃的地带，如大河谷地带。

后来，同一片地域的散居出现则与贸易路线有关。大约 12 000 年前，人类的首次散居出现在美索不达米亚平原（今伊拉克）和中非。

或许是由于他们的定居点在这些贸易路线上，其中一些定居点演化成市场要点，从而出现了第一批城镇。追溯到大约 9 000 年前，建立在约旦河谷绿洲地带的巴勒斯坦乡村杰利科（Jericho）或许是世界上最古老的城市了。

这些贸易中心成为强大的经济和政治中心，最终发展成第一个城邦，一座有围墙的城市，从而直接控制了周围的土地。类似的定居中心在其他地方也开始相继出现：8 500 年前的印度河谷、8 000 年前的中国以及 7 000 年前的中美洲。

每个伟大的中心都是从其他城邦演变而来的，而每个中心都有其独特的文化和信仰体系。因此，回到这些早期的定居中心之一，除了狩猎民族保持完全独立外，世界上的每种文化都可以找到语言、价值观和信仰体系的根源。

这些中心不断发展，出现了新的社会制度，也有了明确的阶层结构、劳动分工和专业化。星相学，尤其是预测未来方面的知识，已成为祭司不断修升的必备知识。这些祭司预言很准的天文事件，如日食和月食等。他们可以预测风向变化、河流涨落、降雨到来。在普通人看来，他们真的能与神直接对话。

有趣的是，世界上的主要宗教都是基于星相学成立的。如果这令你感到意外的话，想想湿婆宇宙之舞——印度教关于宇宙间生命和死亡的说法：黑石是伊斯兰教最崇敬的神物，成千上万的朝圣者在一年一度的朝圣上亲吻它、抚摸它，实际上，据说它是亚伯拉罕发现的一颗流星（沙特阿拉伯的城市麦加建成在流星坠落的地方）；圣诞星，我认为是两个天文事件的组合：一颗明亮行星与一颗新星或一颗爆炸恒星。顺便说一下，东方三博士（The Magi）和东方智者（Wise Men）这些专业占星家很可能源于巴比伦。

天文学绝非仅仅是因兴趣而生，它是人类的祖先们生活的核心，与文明的崛起有着密切的联系。天文学让人类能够计时、导航，从而使他们探索和利用星球，且有能力去预测和利用季节的变化。星体及其行星的象征意义已成为精神信仰不可或缺的内容之一。这一切都源于人类对那些知之甚少，或一无所知，甚至连名字都不知晓的星体的观测和推理。

遨游太空

天文学使万物生灵仰望夜空，把我们从这个世界引到另一个世界。

——柏拉图，约公元前 427 年—前 347 年

或许每个人都知道星星是什么。但我们真的知道吗？我们谈论高挂夜空的星辰，但事实上，有一颗星体，即太阳，它主导着白天。我们的星球，即地球，它围绕着太阳转。太阳是一个典型的星体：它之所以看起来比其他恒星更大、更亮，只是因为它离地球比较近而已。

因为我们无法仅凭视力去判断天体的距离，所以很少有人能真正观察到太阳的庞大。此前，几乎所有天体间的距离都是以数百万公里来衡量的。距

离如此遥远，远到超出了人类思维的高度。有些人认为，天文学家有特殊能力，所以能让我们了解宇宙的广袤无垠。遗憾的是，他们并没有特殊能力。像你我一样，数字超过 7 以后，他们也要开始计数了。

我估算天体距离的方式是将范围缩小到我所熟悉的事物上。例如，根据赤道计算地球的周长为 40 076.594 公里，相当于我们所有的汽车每小时行驶 100 公里。如果你能以直线的方式驾驶，一直前进，每小时行驶 100 公里，那么，环绕整个地球需要 17 天。然而，在两个半世纪前，著名的船长詹姆斯·库克用 3 年时间环游了世界。

如果环游世界需要 17 天，那么，开车到达月球需要多长时间？答案是 160 天。也就是说，月亮离我们比你想象的更遥远。地球和月球的影像资料给我们一种错觉，让我们以为它们比实际的距离更近。实际上，月球与地球的平均距离是 384 400 公里，即地球直径的 30 倍。

如果开车到达月球需要 5 个月,那么,到达太阳需要多久?答案是,你永远到不了,因为你还未到达那里时,就已经老死了。以每小时 100 公里的速度计算,到达太阳需要的时间是 171 年。太阳与地球的距离每年大约会有 300 万公里的变化,但二者的平均距离不到 1.5 亿公里,比月球与地球的距离要远 390 倍。

地球和太阳之间的平均距离被称为"天文单位",用来测量太阳系的面积。库克船长第一次航行到太平洋的主要目的是观察金星凌日,一种罕见的天文现象,即金星直接从地球和太阳中间越过;他的这一观察使科学家们能够准确地测量天文单位。

太阳虽然离我们如此遥远,但在我们的天空下,它看起来依然很大,这就表明,它的体积一定是庞大的。太阳是一个球体,是我们在天空中看到的一个球,排除周围的大气,它这个巨大的球体可能相当于 130 多万个地球那么大。太阳是一个巨大的白色气球,主要由氢和氦组成。因为气体太热,所以太阳上没有任何液体或固体的存在。

太阳上的物质稍微不同于地球上的物质。由于其表面近 6000 摄氏度的高温,中心更是高达 1400 万摄氏度 —— 原子核剥离电子,产生一种带电粒子。这种材料被称为等离子体,仍然像一种气体,但它可以被压缩到巨大的密度。太阳中心附近物质的密度比铅的密度还大。

在古代,人们膜拜太阳,称之为神。这的确是很有道理的。虽然太阳不是一介生灵,却几乎是地球上所有生物的能量来源,我们的生存都要靠它。如果没有太阳发出的光和热,地球上的温度会下降到绝对零度。不仅海洋会冻结,我们呼吸的空气也会冻结。

我们所消耗的能量几乎都来自太阳。我们吃植物或吃以植物为食的动物获取能量。储存在植物中的能量则来自太阳。我们燃烧的木材或煤炭也是储存下来的太阳能。我们在家里和公司使用的电源来自煤炭发电站或水电站。装满大坝和驱动发电机转动的水来自海洋被太阳能蒸发后形成的雨。所有能源链最终都回到太阳：我们的生活完全依靠阳光。

太阳在 1 秒钟内释放的能量要比人类在过去的 10 000 年内消耗的能量还要多。这巨大的能量流来自太阳核心，经过类似于制造氢弹的热核过程把氢转化成氦，只是规模更大。每一秒热核过程将 6 亿吨氢转化为 5.96 亿吨氦。在这种核反应下，每秒内 400 万吨物质被吸收和转化为能源。正是核反应使太阳能够为地球提供能源。

因此，太阳是一种日益减少的资产。每一秒它的质量都会减少 400 万吨。这样持续了数十亿年。幸运的是，其质量是如此巨大，所以还能持续几十亿年。

太阳是一颗恒星，一个巨大的等离子发光球体，能产生光和热。相较而言，行星的体积更小且围绕恒星运转。本质上，它们也只是由恒星遗留下来的碎片形成的星体。所以,它们没有自己的光源和热源,只能依靠其母星反射的光发光。无论是地球还是我们可以看到的所有行星,都依附于太阳。它们都是太阳的子星,由太阳的残余物质组成。

在夜空中,我们看到的恒星群就是遥远的太阳星群,每一个可能都有自己的行星系。从物理角度来看,其中一些与太阳类似,其他则非常不同。在银河系这个大家族里,恒星的种类繁多。这些恒星与我们地球或它们彼此间的距离都很遥远,远到天文学家们不得不摒弃英里和公里单位,重新设计新的距离单位进行测量。最常见的计量单位就是光年。

真空下,光的速度刚好小于 30 万公里 / 秒。宇宙中没有任何事物比光的速度更快了。如果你旅行的速度能超过光速,那么,环绕地球你只需要 0.13秒,也就是一眨眼的工夫。想象一下月球之旅,坐车要用 5 个多月,现在被缩短为 1.3 秒。

因为月球在地球的 384 400 公里外,而光运行的速度是恒定的，所以我们可以说，月球在地球的1.3光秒外。而我们这趟虚无缥缈的太阳之旅本来开车需要171年，现在只需500秒，即8.3分钟。因此，太阳在地球的8.3光分外。不过，月球和太阳都可以称作我们的邻居了，因为其他恒星离我们更加遥远，远到不能用光分来测量，而需要用光年。一光年，指光运行一年的距离，即9.46万亿公里。

我们在此谈到了时间。因为源自太阳的光到达地球需要8分钟，所以我们看到的太阳其实是8分钟以前的太阳。相对光速（直径为0.04光秒）来说，我们的世界是如此的小，谈到时间，就只有现在。过去的就是过去了，而未来的就是尚未发生的。但是当我们观察太空时，天体间的距离是如此之大，实际上我们观测的是过去。我们观察的太空越远，意味着时间越往回倒。当我用望远镜看海王星，这颗绕太阳运转的最遥远的外行星时，其实我看到的是4个小时前的海王星。

恒星间的时间差距更大。明亮的恒星，半人马座阿尔法星 —— 南十字星座中的一颗指极星 —— 离地球最近的恒星，距离地球 4.4 光年。而且我们看到的还是 4 年多以前的阿尔法星。弧矢一是大犬座中的一颗星，也是我们不用望远镜便能看到的最遥远的恒星之一。在我们观测这颗恒星时，进入我们视野的光线从基督诞生时就开始慢慢向我们靠近。

有时人们会问我，天文学家如何知道发生在宇宙数 10 亿年前的事？这个问题很容易回答：如果你想知道 10 亿年前的宇宙是什么样子，那么，你只要观察天空中一个具有 10 亿光年的星体就可以了。鉴于这些知识，很多电影诸如《星球大战》和《星际迷航》中所描述的银河帝国，可谓错误百出。如果围绕着遥远星球的其他世界真的存在叛乱，那将属于古代的历史。而在那时，消息还需要传送到皇帝的耳中。

天体

若是让我参与创造宇宙的过程，我会给出一些有用的提示，让宇宙变得更美。

——阿方索智者，约1270年

地球转动地轴，太阳、月亮和其他恒星也缓慢穿过天顶。于是，夜空也随黑夜的变化而变化。此外，随着地球围绕太阳转动，你可以看到星座也随着季节的变化而变化。倾斜的地轴，加上围绕太阳的轨道运动，导致太阳、月亮和其他行星的运动轨迹一直在变化，有时还会循着复杂的路径穿过天空。起初，这可能让人难以理解，但实际上，一切都在按照一种有序且可预测的方式运动和变化着。

在星球下坐一会儿，很快你就会发现，头顶的星星似乎在移动。星星开始接近西方的地平线，然后消失，新的星星又会出现在东方。我们会谈论太阳、月亮和星星们的升起，但实际上，它们是静止不动的，是我们在动。在新西兰的奥特亚罗瓦，由于地球的自转，我们也在以每小时 1 000 公里的速度向东运动。地球从西向东转，而天体运动的方向与之相反。

仰望夜空，你便能够理解，为何我们的祖先会把星星想象成一个看不见的球体。星星太遥远，我们自身的感知能力却有限，因此，所有的天体与我们似乎都一样远，即无穷远。为了理解我们从地面观看宇宙的画面，有必要运用一些古代人对天体的认知。

在图 2 中，我们可以看到地球转动地轴，在一个由固定星体组成的静止不动的天体的范围内运动。地球旋转，我们感受不到，因为我们周围的一切，包括空气，也正和我们以相同的速度在运动。

在我们看来，是星球在动。地球每 24 小时旋转 360 度，所以太阳、月亮和星星在天空中移动的速度是每小时 15 度。它们的运动是由于地球的自转 —— 我们看天体的画面和在天球中的运动方式，取决于我们在地球上的位置。

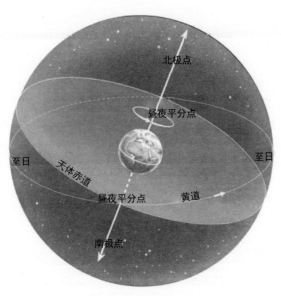

图 2 天体

要了解它是如何运转的，我们要先画一条穿过地球的南极点和北极点的假想线——地球的轴围绕这条线旋转，然后向外延长至这条线的两端到达天体。整个天空会围绕这条线与天体接触的点旋转，这两个点被称为"天极"。

我们也可以将地球的赤道投射到天体。这个大圆指天体赤道。赤道线与两个极点成90度。这条线以南的星体属于南半球的星空，且被称为南天星。这条线以北的星体则被称为北天星。

在图3中，观察者A站在南极。地球自转时，星星会围绕着天极缓慢地运动绕圈。从这里看，星星永远不会上升或下落。天体赤道与南半球的地平线相接，所以观察者只能看到南天星。同理，如果观察者站在北极，则只能看到北天星。

观察者B站在赤道上。天体赤道在其头顶自东向西运动，两个极点位于正北和正南的地平线上。星体开始绕大圈运动，且平行于天体赤道，从东方升起，从西方落下。观察者可以看到两个半球的星星。

而地球上的大多数人都位于两个极点之间的某个纬度上。观察者 C 站在南纬 45 度，南极与赤道的中间纬线上。天极在天顶——头顶正上方和地平线的中间，在地平线上朝向正南方 45 度。位于南天极 45 度的星星从不落下，而位于北天极 45 度的星星从不升起。

现在，我们必须为天体增加一条假想线或一个圆。这条线类似于地球上的经线。它从天极运行，运行轨迹始于天极，经过头顶，接着穿过天顶和天体赤道，然后下降到地平线（在南半球的正北方），最后前往另一个天极。这条线被称为子午线。星体在穿过子午线时到达顶点，即到达其在空中纬度的最高点。当太阳穿过子午线时，便是正午时分。

纬度 45 度的星体，是指位于极点 45 度的星体在最低点会触碰地平线，但是不会真正下落。在最高点时，直接在头顶穿过子午线。直接穿过头顶的

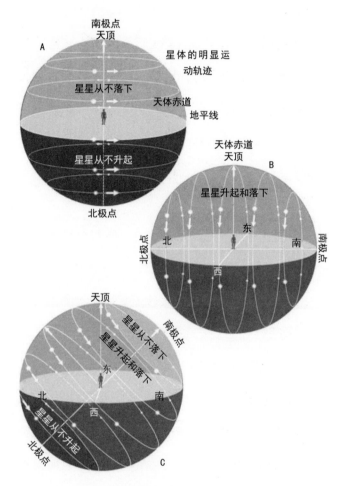

图 3　从不同维度观看星体的明显运动轨迹：
A 南天极，B 赤道，C 南纬 45 度

恒星被称为天顶星。

你可能已经注意到,观察到的天极高度与你在地球上的纬度直接相关。这是一个导航者应该具备的基本知识。天极与地平线的角度与你所站的纬度相等。如果你是站在南极,南纬90度,那么,天极就在你的头顶,与地平线成90度。在赤道,纬度0度天极就在地平线上,与地平线成0度。而新西兰的惠灵顿位于南纬41度,从惠灵顿看南天极,则与地平线成41度。

想要找到天极的位置,你需要知道两件事。首先,你要确定自己的指针方位,因为南天极就在正南地平线的正上方。一旦你确立了南方,其他基本方位也就都知道了。其次,你要测量天极的高度,从而确定你所在的纬度。不过,最重要的是,你需要先找到天极。而要做到这一点,你必须能够识别重要的环极星。接下来,我将告诉你如何识别"南十字星"。

水瓶时代

亲爱的布鲁特斯，会犯错的不是我们的恒星，而是我们自己。我们只是繁星的追随者。

——威廉·莎士比亚、尤里乌·恺撒

地球围绕着太阳运转，夜空的星辰也在缓慢地发生着变化。每一个夜晚，同一颗星星比前一晚早 4 分钟升起或落下。例如，一颗昨天晚上 9:00 升起的星星，今晚 8:56 升起，明晚 8:52 升起，后晚……以此类推。

然而，我们的确在每年的同一时刻看到相同的星星。与太阳升落相对的恒星，1 月会整晚挂在我们的夜空中。而 6 个月后，我们便看不到同样的星星了，因为它们将靠近太阳，出现在我们白天的天空中。1月，它们又将在我们的夜空中升起。因为季节变化与地球在其运行轨迹上的位置直接相关，所以在不同的季节我们便会看到不同的星星。

太阳系，包括太阳和其行星系统，形状像一个大扁圆盘，太阳为中心，其他行星在磁盘内运转。太阳绕着自身的轴运转，而地球和其他行星绕着太阳运转，且与太阳的自转方向相同。从太阳的北极看，行星似乎在按逆时针方向运动。在太阳系中，地球的自转方向同样如此，且月球绕地球运行的方向也相同。

由于地球的自转运动，太阳的移动方向与背景恒星相反。这条明显的太阳运动轨迹被称为"黄道"，沿着这条路径的背景恒星形成了十二宫星座。月亮和其他行星也在这个平面内运动，所以它们也沿着黄道运动。

图 4 显示了相对于背景恒星地球的运动轨迹和太阳明显的运动轨迹。箭头表示太阳在 1 月或 2 月的位置。太阳位于摩羯座。这些恒星都出现在白天的天空中，所以我们看不到它们。与太阳相对，整个晚上可见的星座是巨蟹座。6 个月后，7 月或 8 月太

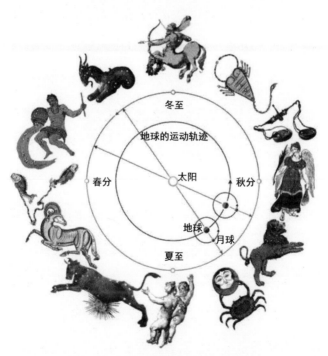

图 4　十二宫图中太阳和月球的明显运动轨迹

阳将出现在巨蟹宫内,而摩羯座将会出现在我们的夜空中。

在占星术里,你出生时太阳正处在哪一个星座中,你便属于哪个星座。我与他人合作,一起为凤凰天文学协会(Phoenix Astronomical Society)创办了《新西兰年鉴》(*New Zealand Almanac*),采用日历形式,发布关于太阳、月亮、星星的信息,包括黄道十二宫图的标记以及其中随着季节的变化而变化的太阳的位置。每年我们都会接到读者的电话,说我们弄错了,因为他们的出生日期与我们提供的星座日期不吻合。

这是怎么回事?原来,地球像一个巨大的陀螺一样缓慢地晃动地轴,它的倾斜度始终保持在 23.5 度,而在天空中,两极的指向也一直在缓慢地变化着:完成一个完整的波动循环需要 26 000 年。

我们将地轴的倾斜方向逐渐变化这种现象称为

"岁差"。岁差的影响就是黄道十二宫进入各个季节。例如，今天，北半球春分正运行到双鱼座，而2 000年前在白羊座，5 000年前在金牛座。每跨越一个星座大约要2 200年。因此，随着时间的流逝，黄道十二宫的含义也发生了变化。

大多数现代占星家对天文学知之甚少。在古代，占星家会考虑到岁差，不断更新他们的星位图。而从黑暗时代①开始，人们不再重新制作星位图了。因此，如今大多数占星家使用的都是1 000多年前的星位图和日期。根据报纸上的星位图，我是天蝎座，但实际上，我出生时太阳正位于天秤座。

那些熟悉音乐剧《头发》（Hair）的人可能听说过"水瓶时代的曙光"，但这个短语是什么意思呢？收音机里有一位占星家，当被问及水瓶时代将

① 指14世纪欧洲用来形容900年前从罗马帝国衰落到文艺复兴的兴起时期。

在什么时候开始时，他回答道："我认为它现在正在发生。"其实不是。水瓶宫时段开始于北半球春分，即南半球秋分时，此时，太阳恰好位于水瓶座，而不需要再等 600 年。

第一部计算机

关于宇宙，最难以理解的是，它并非不可理解。

———— 阿尔伯特·爱因斯坦

很多年前，我和朋友在英格兰的康沃尔郡（Cornwall）露营。我们夜里开车，在黎明之前穿过索尔兹伯里平原时我们看到一个标志，"巨石阵"。天未亮，我们下了车，沿着路走。借着清晨的微光，我们走近看到了巨大的石巨人轮廓。虽然天空仍然昏昏暗暗，但站在这里，我仿佛可以感知过去：仿佛石头也触摸到了我。

几千年来，人们一直怀着敬畏之情观望巨石阵，但却不知道如何利用这些巨大无比的石头建筑物。天文学是最古老的科学，而关于太阳、月亮和其他恒星昼夜及季节变化的知识对于早期人类的生存至关重要。如巨石阵这样的巨型石头和在世界各地发现的其他神秘建筑物，揭示了对我们的祖先来说，从本质上讲，宇宙是可以预测的。从这个意义上讲，它们才是真正的第一部计算机。

没有书面记载是谁在 4 000—5 000 年前建造了巨石阵，仅知道他们被称为"烧杯人"，因为他们用陶器水杯陪葬 ——一个奇怪的传统，而我们永远也不会知道，他们使用巨石环形的目的。不过，这些巨石有很多与太阳和月亮的周期相重合的线，这些不可能都是巧合。早期的英国人利用巨石以及其他的东西已经能够预测冬至、春分和秋分。

当地球围绕太阳转动时，地轴与太阳系平面的倾斜角度为 23.5 度，一直保持不变，并且与天极在同一条线上。正是这种倾斜，让我们有了四季变换。图 5 显示了地球在围绕太阳运动时的 4 个点：南半球 12 月，地球倾斜朝向太阳，即南半球夏至，北半球冬至；6个月后，季节反过来，地球倾斜偏离太阳，即南半球冬至，北半球夏至。这两个点分别叫作冬至和夏至，合称"二至点"。

任意半球倾向太阳时，有两个中间点：一个在3月；另一个在9月，是为春、秋分。3月是南半球的秋天，北半球的春天；而9月是南半球的春天，北半球的秋天。

由于地球的倾斜，太阳的运行轨迹——黄道，

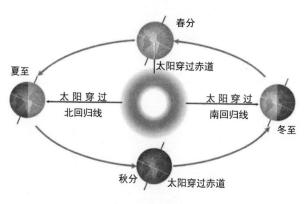

图 5　地轴和四季
（当地球围绕太阳转动，北极和南极有一边倾向太阳。一年中，太阳的高度开始上升然后下降，季节也随之变化。）

与天体赤道成 23.5 度，有两个相交点（参见图 2），即春分和秋分。一年中，太阳会从天体赤道的一面移到另一面。因此，全年升起和落下的位置以及太阳正午的高度和昼长也在不断变化。

图 6（A），冬至，太阳从最东北边升起。太阳越过整个天空的路径最短，中午太阳高度达到最低点。这是惠灵顿白昼最短的一天 —— 惠灵顿位于南纬 41 度，昼长只有 9 个小时。

图 6（B），春、秋分，且仅在春、秋分，太阳从正东方升起，正西方落下。昼夜等长，所以我们有 12 个小时的昼长。

图 6（C），夏至，太阳从最东南边升起。太阳越过整个天空的路径最长，中午太阳达到最高点。这是惠灵顿白昼最长的一天，昼长 15 个小时。

沿着地平线标出太阳升起或落下的位置，人们可以确定出冬至、夏至、春分和秋分的具体日期，从而预测季节的变化。由此看来，巨石阵其实是一个

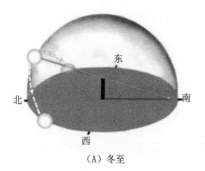

（A）冬至

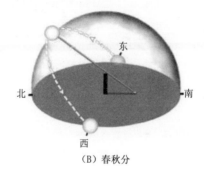

（B）春秋分

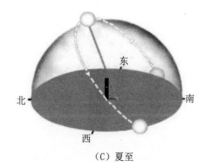

（C）夏至

图 6 南纬 45 度的太阳在不同时间的运行路径和达到的高度

精心设计的建筑物,用于标记出这些季节的位置。

在英格兰偶遇巨石阵很多年之后,我产生了在新西兰建造相同建筑物的念头。我在写这本书时,奥特亚罗瓦巨石阵已快竣工。在威拉拉帕(Wairarapa)乡村的一座平顶山上,一群充满激情的天文学家完成了这项巨大的工程。这座巨石阵是按照英格兰巨石化为废墟前的规模建造的,其目的是促使男女老少都亲自去观察古代人是如何应用这一伟大的技术发明的。如今,巨石阵仍然适用于了解季节、时间和定位的详细信息。

谈谈夜下之月

两万年前，一群以狩猎为生的人会进行物物交换（可能交换人）。虽然还没有出现定居群体，但第一条贸易路线已经形成了 —— 人们会指定一个固定的地方进行交易。但是，没有时钟和日历，他们是如何确定交易时间的呢？刚好，天上挂着一个时钟。狼群迎月长嚎，情人月下私会，诗人笔写月明。我们将其称作"天上的灯笼"。

月亮的运行有一定的规律，它的轨迹就像一个时钟。然而，如今很多人发现，月亮的运动很神秘。例如，为何我们有时早上能看到月亮，有时却不能？为何当我们看到一半月亮时会称之为弦月？这些都是很有意思的问题。

月球围绕地球转，我们看到的月亮一面呈现出不同程度的阴影和光亮的现象，被称为月相（参见图7）。月亮的周期是从一个新月到下一个新月，需要29.53天，或按照我们目前的日历要近一个月。这便是"月份"的来历——月周期。

　　每个周期开始，即初一，日落之后不久，我们会在西方首次看到"新月"。之后便是一轮蛾眉月，黑暗半球开始有隐约的光亮。明亮半球受到阳光反射，而黑暗半球的光来自地球上反射的光。如果你站在月亮的暗面，就会看到一个几乎完整的地球——通过太阳反射而来的光线照亮了月球表面。

　　夜夜相继，月亮不断向东移动，偏离太阳，落下得越来越晚。同时，它也开始渐满：我们看到月亮一面越来越多的光亮。月球的新月点向西运动，这也是太阳运动的方向。最终，我们看到一半亮的月亮，我们称之为"上弦月"——因为此时月球已经完成了1/4周期的运动。在上弦月时，月亮接近中午时在日落的正北方升起，然后在午夜落下。

月亮继续向东移动，我们会看到一轮凸月，介于半亮与全亮之间。"凸月"一词来自拉丁语"驼背"。月亮明亮半球的部分像一个瘤子，比半圆大，但又比整圆小。最终，我们会看到一轮满月。在天空中，满月与太阳是完全相对的。它在太阳落山时升

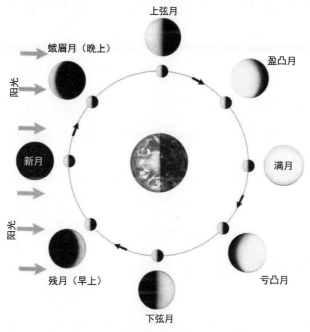

图 7　月相

（月亮大图显示了从地球上看其轨道上不同点的可见相位。）

起，整夜都能看见，黎明时分落下。此时，月亮已经完成一半的循环周期。

月亮继续向东移动，但一直在亏缺，再次运动靠近太阳。最终，它又变成了一轮半月，但这一次明亮半球指向东方。此时，它已经完成了 3/4 的循环周期，在这个阶段，便是"下弦月"。下弦月在午夜升起，黎明时穿过子午线，中午时落下。

此后，月亮继续亏缺为一轮残月，也就是最终早上也看不见了。因为它几乎与太阳同升同落。3 个晚上之后，它又再次出现在西方的曙光中：新月出现。从科学角度讲，新月是月亮与太阳的重合，也就是说，月亮位于地球和太阳之间，我们看不见。不过传统上，在其周期的开始我们第一次看到它是一轮薄新月时，我们称之为"新月"。

月亮的循环规律很容易观察，难怪人们把它作为第一个时钟。两个游牧部落若要安排 4 个月后在某个地方会面，他们只需要数满月的次数即可。如果到达会面的地方需要两周的时间，那么，他们就需要在第四个满月之前新月的时候出发。

第一个日历基于月球的运动周期制作而成。人们将一年划分为 12 个月，又将每个月分成 4 个部分，即"四周"，来表达月球周期。我们的黄道带之所以有十二星座，可能就是因为一年有 12 个满月。

满月时，月球与太阳完全相对（参见图 4）。当太阳每个月从一个星座移向下一个星座时，就是满月所在的位置。即使白天看不到星星，你也可以通过观察满月的位置知道太阳现在位于哪个星座：太阳位于的黄道星座与满月的位置相反。例如，如果满月在双鱼座，那么太阳就在处女座。

如今，大多数西方社会使用公历。这不算新鲜：从公元前 7 世纪开始，巴比伦人就使用公历，而我们所使用的农历是公元前 45 年恺撒大帝引入的概念。这位罗马皇帝甚至用自己的名字重新命名了一个月份（从 2 月偷了一天来使农历更长），但是，在被暗杀之前，这种荣誉他只享受了一年。后来，奥古斯都追随恺撒，也用自己的名字命名了一个月份。他不想比恺撒的时间少，所以也从 2 月拿走了一天。因此，我们目前使用的日历是历代罗马皇帝不断更改的结果。

在公历中依旧是划分 12 个月，但这些不再与月亮周期运行一致了。通常我们有 12 个满月，但每隔 2—3 年，就会有一年 13 个月。当这种情况发生时，一个月将出现两个满月而不是一个。第二个被称为"蓝月亮"，被视为"千载难逢"的现象。请注意，如今信奉犹太教和伊斯兰教的国家仍使用农历。玛塔琳基（Matariki）即毛利新年，也是基于农历来庆祝的。

月亮也有一些神奇的地方触动着人类的灵魂。在古代的美索不达米亚平原上，月球与伟大的地球母亲及其生命周期、死亡和重生密切相关。一开始的每个周期，月亮在黄昏的晚霞中缓缓升起。然后渐渐月满，直至完全月盈，还未亏缺就完全消失在黎明中。很多古代人认为，月亮是被太阳永不熄灭的火焰吞噬了。当月亮再次升起时，人们认为它是另一轮新月。古老的风俗传承了上千年：如今，21世纪的我们仍在谈论新月，尽管我们已经知道，其实是同一个月亮。

月亮一直与鬼神、女巫以及夜晚撞见的那些东西有关。传统上，人们认为地狱的超自然力量与月盈圆缺是相呼应的。即使在今天，哥特式恐怖电影里也总出现满月，而在国外，满月标志着狼人与吸血鬼的出现。

像月相那样，地球母亲与月亮相关联的形式有很多。被古希腊人视为冥界女神的赫卡特，在夜里漫游，随之而来的是大批鬼魂，并且只能是女性。人们低声细语地说她们的名字。

人们相信，这个伟大的女神部分存在于每一个女人的身上。一个月亮的周期被视为女性的周期以及女性生儿育女的力量象征。

赫卡特也是巫术女神：如果召唤她，她会赐予女性力量。当然，男人们害怕她。罗马人认为，她戴着一条由男人的睾丸做成的项链。早在150年前的欧洲，人们把给她的供品放在十字路口，鬼魂们在此处相见，死刑也在此处执行。

月球有光亮与黑暗的斑纹［参见图8（A）］。黑暗区域被称为雨海，在拉丁语里是"海"的意思，因为在现代早期，人们认为月球类似于地球。自20世纪60年代起，空间探测器就已经说明了这个问题。实际上，月球上没有液态水。月球的光亮与黑暗区域与地球的地质有何相似之处呢？月球的雨海区域是巨大的盆地和玄武岩熔岩平原，光亮地区是高地，而地球也有巨大的玄武岩盆地，只不过，这些盆地都被填满水，形成了广阔的海洋。

光亮与黑暗的斑纹形成了著名的图案——"人在月球"，遗憾的是，我从未认出来过。若是你

（A）南半球视角　　　　　　　　（B）北半球视角

图8　月球上的光亮与黑暗的斑纹

想要寻找这个图案，请记住，北半球的月亮，你要颠倒过来看。对毛利人来说，这些斑纹代表着罗娜（Rona），因为她对着月亮发誓，随身携带的葫芦和倚靠的松树都被送上了月球表面。然而，经过长时间的观察后，我在月球上能看到的只有一只兔子。你也不妨看一下。

　　月球上最大、最黑的区域之一就是雨海。古希腊人认为，珀尔塞福涅平原（Persephone）就在那里。在赫卡特的神社里，死者的灵魂会接受审判。相较之下，没有活着的灵魂可以看到这个极乐世界，人只有在死后才能找到平静与快乐：他们活在月球遥远的另一端，朝向天堂。

在中世纪的基督教会看来，太阳和月亮是完美无瑕的象征。而伽利略曾经陷入麻烦的其中一个原因就是，他声称自己看到了太阳斑点。明明看起来就是斑驳点点，怎么还会有人认为月亮是毫无瑕疵的呢？因为月球是一面镜子，而那些黑色斑点只是地球不完美的反射而已。

在月球上看地球，你必须像在北半球看月亮的镜像一样［参见图8（B）］。你会发现其与当今世界的相似度，例如，西班牙、北非、地中海及印度的形状。虽然现在很难想象，但人们试图以照镜子的方式看月球，想要绘制出世界上那些尚未被探索区域的地图。如果你看月亮的一部分，应该是指非洲，你会发现其南部的延伸地区被海洋隔开了。当然，实际上这片海并不存在，但在13世纪，它们在一些地图册上被展示过。还要注意，大西洋上应该有一大片圆形的土地，即危海。这难道不是传说中消失的亚特兰蒂斯大陆吗？

　　一副简单的双筒望远镜就可以让你看到月球上的各种细节，当然，如果用天文望远镜看的话，画面会更加惊人。月球上宏伟壮观的地质风景，不是我用这本书就可以描述的，但我可以告诉大家，仅仅看外太空月球上那些让人惊叹的地貌，我就已经乐此不疲了。

流浪的星星

如果沿着黄道十二宫对照星位图，你会发现其中一颗明亮的星星没有被标记出来——几乎可以肯定，这是一颗行星。很容易用肉眼观察到的行星有 5 颗，它们有的比最亮的星星还亮。从太阳系北部的一个点看，所有的行星都围绕着太阳逆时针旋转。从地球表面看，它们与背景恒星反方向缓慢运动。实际上，"星星"这个词指流浪的星体。

不过，虽然它们也叫星星，但行星与恒星不同，它们彼此都要依靠太阳光的反射来发光。因为与地球的距离在不断变化，所以它们的亮度也在不断变化着。观察一段时间后，你便可以根据每颗星的亮度和色调来进行辨别了。

无论行星在天空中如何运动，都取决于它是靠近还是偏离地球。从地球看内行星、水星和金星，似乎在大部分的时间中它们都在靠近太阳。当其中一颗移动到与地球距离最近时［图9（C）］，我们看不见。不仅靠近太阳，而且就像新月一样，黑暗半球对着我们，这个位置被称为"内合"。这种结合描述了两个天体的运动情形，通常是太阳和某颗行星在天空中挨得很近。

行星与太阳的距离越近，它的速度就越快，路径就越短。内部内合会挡住地球。当它开始移向西大距时，便会在太阳之前从东方升起。每天早上它将更向西移动一点，每天升起得越来越早，直到它到达我们称为"西大距"的位置。

地球将出现方向逆转，重新运行转向太阳。它很快就会消失在晨曦中，其运动轨迹使其背对太阳，即"上合"（D）位置。接下来，地球出现在太阳的另一边，伴着西边晚霞缓缓升起。随后，每个夜晚落

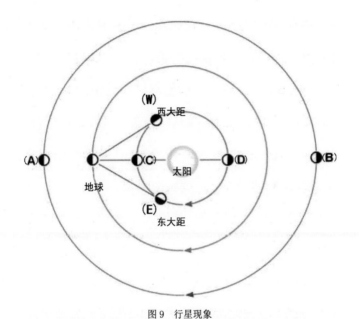

图 9 行星现象

[一颗外行星的轨迹位置（A）冲（B）内合；一颗内行星在（C）内合，
（D）上合；（E）东大距，（W）西大距。]

下得越来越晚，直至到达东大距（E）位置。然后，
它再一次向反方向运动，不断靠近太阳，直到它再
次消失在太阳的光线里。正在或接近大距位置的水
星和金星是最容易看到的 —— 此时其与太阳的距
离最远。

　　还要注意内行星，就像月球，会有一个相位周

期,在不同的相位上,我们看到明亮部分的比例不同(参见图10)。不借助单筒望远镜,我们看不到水星相位,而金星有时还需要双筒望远镜才能看到。观察的最好时机是内合前后:当金星越靠近地球时,金星看起来越大,我们看得越清楚。在天气晴朗的傍晚时进行观察,金星刺眼的光会变得很柔和。记住,如果太阳还没落下,请不要用双筒望远镜去搜索一颗行星:如果你不小心看了太阳,眼睛会被严重损害。

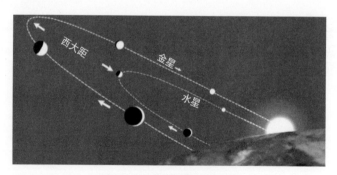

图10　内行星的明显路径和相位

[早上(东部)的升起:行星在太阳之前出现,运动到太阳的左边,然后彼此反向运动;晚上(西方)的升起,顺序是反过来的:行星在太阳之后出现,且运动到它的右边,然后彼此相向运动。]

水星，与众神（希腊人称为赫耳墨斯）的飞鸽信使有关，是一个小星球世界，会迅速出现在晨光和暮色中，仅用88天便能完成一次绕太阳运行。观看这个星球的最佳地点和时间是在南半球，太阳接近春秋分时。3月，可以在清晨的天空中看到水星，而9月，则是在夜里的深空中。水星呈淡淡的粉红色，暮色中，它的光芒变得很柔和。

此外，金星是天空中最亮的星体之一，亮过它的只有太阳和月亮。传统上，人们把它与爱情女神与性爱女神联系起来。它被称为希腊的阿佛洛狄忒、巴比伦的伊师塔（Ishtar）、叙利亚的阿施塔特（Astarte）和罗马的维纳斯。在最高的亮度下，金星呈亮白色。如果你知道在哪里观看的话，那么在大白天你也可以看到金星。无论在哪年，金星都会出现在清晨和傍晚的天空中，因此，人们通常把它叫作"晨星"和"昏星"。在古代，由于这两种现象的存在，人们误以为是不同的星球，罗马人称之为

"长庚星"和"启明星"。

在其最大角距中,金星与太阳呈 48 度角,在太阳升起或落下 3 个小时之前,就可以看到它。对早期的波利尼西亚的水手来说,这是一个重要的导航指标:因为在看不到其他恒星时,傍晚还能看到金星的光辉。

外行星中最亮的星体是火星、木星、土星,在晚上随时可以看到。它们缓慢的轨道运动与月亮一样,向东运行。每一颗离地球最近时最亮 —— 也就是说,当地球位于这颗行星和太阳之间时,一个点称为"在冲"[参见图 9(A)]。在冲时,这颗行星与太阳相背,并将在太阳下山时升起。

外行星达到在冲位置时,在其偏离背景恒星的轨迹上发生了有意思的变化。它向东的运动先慢慢停止,然后改变方向,向西运动。在冲过后,向西运动停止,然后回归到正常的向东运动。这就是所谓的"逆行"。

"逆行"让古代的天文学家们百思不得其解。他们认为，地球静止不动，位于宇宙的中心。他们对"逆行"的解释是，地球有一个小轨道和更快的轨迹速度，因此它的速度超过一颗外行星。在此之前，该外行星开始向东移动，与地球运行方向相同。然而，当其经过地球时，相对于背景恒星，它似乎在往回运动。"在冲"后，它又开始与地球同向运动。

　　你可以想象一下当你超过一辆你所看到的车时的画面：首先，当你到达前面开得慢的车的位置时，相对于背景风景，那辆车似乎在和你朝着同一个方向运动；当你正在超越它时，相对于背景地形，它似乎在向后运动；之后，当你已经超过它后，尽管落后于你，但相对于参照物，它将再一次与你朝着同一方向前行。火星被命名为罗马战神，随着它与地球距离的不同，其亮度也会有所不同。火星是我们天空中一颗明亮的橙红色星体，每两年达到一次最亮。而相较之下，木星是一颗流光四溢的黄白色星体，

每年发光都很亮。作为一个天体灯塔,与其相较锋
芒的只有太阳、月亮、金星,偶尔还有火星。它在群
星中缓缓而动,需要 11.9 年才能完成一次围绕太阳
的运行。

在古代占星学中,木星是非常重要的,常被人
们与众神之王和人之君王联系在一起。它有 60 多颗
卫星,其中 4 颗用双筒望远镜可以看到:木卫一、木
卫二、木卫三和木卫四。最佳观星时间是黄昏。它们
看起来就像一条线上的小恒星。夜夜相继,在围绕
地球运转时,它们的位置会发生变化。

在发明望远镜之前,土星是我们能看见的最遥
远的星球。它移动得非常缓慢,29 年才完成绕太阳
一圈的运行。在古代,土星与柯罗诺斯(Chronos)
时间之神有关,因为它围绕黄道带运转的时间与人
类的平均寿命相等。举个例子,如果你出生的时候
土星在摩羯座,而当土星再次回到这个星座时你还
活着,那么,你就算是赚到了。如今,大多数新西兰

人可以期望他一生能看见土星完成绕十二宫图两圈甚至三圈。土星从一个星座移动到下一个黄道星座需要两年多的时间。它看起来就像一颗发亮的黄色星星，是我们用肉眼能看到的最微弱的行星。土星巨大的光圈是望远镜镜头下最壮观的画面之一。

　　除了土星，还有三颗行星。天王星是一颗来自黑暗天网的暗星 —— 如果你知道它在哪里的话。用双筒望远镜可以看到海王星，但你需要根据一个图表来找到它。至于有微小的冻结世界的冥王星，除非你用一架相当大的望远镜，否则根本看不到它。

银河系之下

当你第一次仰望夜空时，尤其是在农村的一个漆黑无月的夜晚，你会发现，夜空中有很多很多星星，让你无法一下子把一切都弄清楚。但其实这与学习世界地理，甚至与小时候找到回家的路并没有什么不同。夜空中大部分的星体都有一个固定的位置，只要你先确定是明亮的恒星还是行星，然后随着时间的推移慢慢观看和练习，就能把所有的星星一一认出。一段时间后，仅仅通过色彩和光泽，你就能认出特定的恒星或行星了。

开始学习观看夜空的最佳时间是在黄昏，因为这时天空中还没有那些泛滥成河的微弱星体，还能看见那些明亮的星星。很显然，每颗星星的亮度都是不一样的，但是，很多电影制作人都忽略了这一

点 —— 他们通常会搭建一个人工夜空，或者为宇宙飞船建一个星空背景，而所有恒星的亮度竟然是相同的。

公元前 129 年，古希腊天文学家希帕克斯（Hipparchus）把星体的亮度分成 6 个等级，他称之为"光度"。最亮的恒星被归为第 1 等光度，而可以用肉眼看到的最微弱的星星被归为第 6 等光度。这种光度划分的修订版本如今在天文学领域中仍然适用。

虽然星体有光度的差异，但随着数量的增多，这种差异变得越来越模糊。举个例子，第 3 等光度的星体数量多于第 2 等光度的。在一个清晰的、没有月亮的夜晚，远离城市灯光，你用肉眼可以看到 3 000 颗星星，而用双筒望远镜则可以看到成千上万颗。

现在我们来看最亮的星星。有时它们会一闪一闪地发光。闪烁的光源于它经过大气层时的折射。

找一个寂静的夜晚看夜空或直接抬头看，星星仍然静止不动。当一颗星刚刚升起或将要落下时，与其接近地平线时可能闪着不同颜色的光芒。我们看向地平线，视线正穿过大气层最厚、最密的地方，那白色的星光被分解成五颜六色的光束，就像一道迷你彩虹。稍后，星星开始升得更高了，停止闪烁或变得不那么耀眼了。

看着较明亮的星星，你会注意到，它们的颜色不同。这些颜色的色调差异是很细微的，而不是像红绿灯那样醒目。恒星的颜色可以帮助你辨别它，因为它与星体表面的温度直接相关。地球围绕太阳旋转就是一个典型的例子：太阳似乎比其他恒星更大，只因为它离我们相对较近。太阳是一颗黄色星体。温度比太阳高的恒星呈白色或蓝色，而温度较低的恒星呈橙色或红色。

谈到颜色，我们有必要知道，人类的眼睛使用两种不同类型的光感细胞：视杆细胞和视锥细胞。

视锥细胞为我们提供黑色和白色视觉，但没有视杆细胞那样敏锐。在晚上，当光的亮度较低时，我们通常只能看到黑色和白色。此时，花朵平常的颜色也会变成灰色。这就是彩色电影中夜景下的颜色看起来很奇怪的原因：相机可以捕捉到颜色，而眼睛不能。因此，采用黑白色调的恐怖电影会更恐怖：因为大脑知道，它更像真实的世界。

夜晚看星星，它们中的大多数都是白色的，因为没有足够的光进入人的眼睛，激活视锥细胞。如果在光线不足的情况下用大望远镜看银河系，你会发现，星星就像闪闪发光的宝石——紫水晶、钻石、蓝宝石和红宝石。因为望远镜会收集更多的光，突然间，你就能看到其他颜色了。

太阳是一颗单星体，而天空中约一半的星星属于多星体。二星体即两个恒星围绕彼此运转是很常见的。三星体、四星体甚至六星体也有。多星体的恒星彼此挨得很近，用肉眼看起来它们就像一颗星一样。然而，一架好的天文望远镜可以让我们看到成千上万明显的单星体变成二星体和三星体。如果二星体的星体温度差很大，那么，它们的颜色可以说是让人惊叹。例如，天鹅座下的天鹅座 β 星就是由一颗金黄色的星体和一颗宝蓝色的星体组成的。用望远镜观看这一对，就像在看天上的红绿灯一样。

让我们回到用肉眼观看星星。很显然，明亮的星星不会胡乱穿越天空。大部分亮的星体聚集在一起，形成横跨天空的一条星带。这条星带标志着银河系路径，像一个巨大的天体脊椎，支撑着整片夜空。在城市黄昏时或地面上有光亮时，我们经常会看不见银河系，而只要找出这条明亮的星带，我们就可以找到银河系的位置了。在漆黑的夜里我们可以看到，银河系薄纱似的幽光像拱桥般跨过天空，其轨迹上星辰遍布。它的位置随着季节的变化而变化，在夏天傍晚，它则沿着地平线运动。

从最早的时候开始，人们就一直在想：光行走的道路是什么？对古埃及人来说，地球是天堂的一面镜子，天体的银河系就相当于地球上的尼罗河。古希腊人有不同的理论：他们相信，主神宙斯之妻赫拉被骗去喂养婴儿赫拉克勒斯——她丈夫的情妇的孩子。在发现婴儿的真实身份后，她猛地一把推开他，奶水洒向整个天空，形成了一条银河系。而对北美人来说，银河系就是一条天体公路，死去的人们沿着这条公路走向他们快乐的狩猎场——星星便是旅行者们的篝火。

在南半球，我们有自己独特的故事。对于早期的毛利人来说，星星本身是没有躯体的眼睛的。这些眼睛原本生活在芒格努伊山（Mount Maunganui）的黑暗世界。之后，塔马瑞提（Tamarereti）把它们放在他的独木舟里，接着把它们带去天空。而在将重要的导航星和季节性恒星放在它们的位置上后，他又把独木舟推翻了。于是，其余的星星就从天空中撒了出来，形成了银河系。

用一副简单的双筒望远镜，可以看到成千上万颗微弱恒星，从而可以发现银河系真正的本质。我们的太阳，还有我们在夜空中看到的所有其他的星星，它们只是巨大的恒星系统中的一部分，称为一个星系。这是一个巨大的、扁平的、螺旋的星系，是一个穿梭了 10 万光年的星系，包含不止上千亿颗星星。如果你正在看《星际迷航》的话，那么，即使你能以光速旅行，也要 10 万年才能从这个星系的一端到达另一端。当然，这只是一个有趣的想法而已。

　　本质上，银河系就是一个边缘星系。它的光来自数以百万计的恒星，由于这些恒星离我们太过遥远或者光线太弱，我们根本不可能将其一一看清楚。而我们用肉眼可以看到的星星，就是我们的邻居。

夜空路标

接下来，让我们一起从夏天开始探索美妙的夜空。为何选择夏夜？首先，相较于其他季节，夏天的夜晚相对暖和些。其次，此时天空中有巨大的天体路标——如果你不太熟悉夜空，就会需要一个路标。

图 11 呈现了猎户座路标——只要找到三颗明亮的恒星，很容易就能辨认出猎人。这三颗星不仅拼成了猎户座的腰带，而且形成了锅形星群的底座。图 11 中的箭头显示了猎户座中明亮的恒星，它们可以作为路标，帮你识别天空中的其他明亮的星星。从 6 月中旬到 12 月的清晨以及从 1 月到 5 月中旬的夜晚，我们都可以在空中看到猎户座。年初的午夜，它位于正北方。翻看本书最后的星位图，你会找

到猎户座以及其他最初在北半球被命名的星座, 如今, 它们却出现在我们的南夜空中。

像猎户座这样明亮的恒星群, 与银河系里各种各样普通的星星并不一样。大多数明亮的恒星都是巨星 —— 它们比太阳还要明亮数百倍, 有时甚至上千倍 (把太阳视作标准烛光, 我们可以测量其他恒星的亮度)。虽然这些巨星都很遥远且罕见, 但它们却占领着我们的夜空。像巨大的宇宙灯塔一样, 它们猛烈喷出的火花以光年的速度飞越。

猎户座中最亮的星星是像钢一样硬的蓝白星参宿七。参宿七在 770 光年外, 在天空最明亮的恒星中排名第六, 它闪烁的光相当于 4 万个太阳发出的光。如果说参宿七是我们太阳系中的太阳, 那么, 包括最遥远的冥王星在内的所有行星都会汽化。实际上, 参宿七是最闪亮的复杂的五恒星系的成员之一, 其炎热程度是太阳的两倍, 而直径比太阳大 66 倍。

如果你认为参宿七真的很大了, 不妨看看猎户

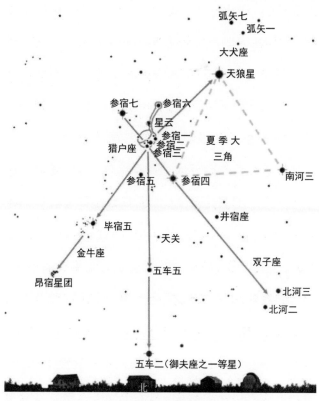

图 11　猎户座路标

座第二亮星 —— 参宿四 —— 巨人之肩。有一部电

影叫《甲壳虫汁》(*Beetlejuice*)，其主角便是一个

与之同名的恶魔。仔细观看参宿四你会发现，它是

橙红色的。在古代，与其他纯白的星星受到的待遇
不同，红色的星星常被人们与恶魔联系在一起。例
如，火星被认为是战争和毁灭的使者——它们沾染
了血腥的颜色。甚至更不幸的，参宿四也如火星一
样，其亮度时而饱满鲜艳，时而微弱黯淡。

　　火星是地球附近的一颗小星球，其亮度随着它
与地球距离的变化而变化。而参宿四本身就是一颗
亮度变化很大的巨星，因为它一直在颤动。尽管如
此，论星球面积，它不像太阳能辐射出那么多能量，
但它的规模超过太阳却弥补了这一缺陷。参宿四大
到如果把它放在太阳的位置，它会吞噬所有的行星，
包括火星。它属于"红色超级巨星"的一类恒星，
因为太庞大所以不稳定。它的不稳定性导致它颤动
范围的直径在太阳的 300—400 倍之间。所以，其亮
度波动也在太阳亮度的 4 300—14 300 倍之间。

　　此时此刻，你可能会认为，我们的太阳在宇宙
范围内是一颗又小又微弱的星体。幸运的是，事实

并非如此。实际上，太阳的大小和亮度是高于宇宙星体的平均水平的。在距离太阳 12 光年之内的 27 颗恒星中，只有 3 颗是比较亮的，9 颗不用望远镜也能看到。高等光度的恒星很罕见，100 万年才有一颗像参宿四那么大、参宿七那么亮的星体。

参宿五是猎人的另一边肩膀。从古代传诵下来的故事中说，在参宿五升起时出生的女性将成为伟大的战士和领导人，因此，参宿五被称作亚马逊星。参宿五是一颗蓝巨星，在 360 光年之外，比太阳亮3 000 倍。

参宿六与我们有 1 300 光年的距离。在阿拉伯语中，"参宿六"是"剑"的意思（大多数星星的名字都是阿拉伯语，因为阿拉伯人制作出了最好、最精确的早期星位图）。参宿六是猎户座下的明亮恒星中最偏远的：这是另一颗蓝巨星，比太阳亮两万倍，因"老虎眼睛之说"而闻名。

参宿三、参宿二、参宿一这三颗明亮的星星组成了猎户座的腰带，它们都是极其炙热的巨星。事实上，如果你把太阳放在这些恒星中任何一颗的旁边都会发现，太阳几乎是一团黑。因为这些恒星的温度太高了，它们所释放的大部分能量是紫外线辐射。

众神的锻造炉

古老的星辰，是你给了我迷之勇气：日出之际，你总是独自闪耀在专属于你的天空中！

——威廉·卡洛斯·威廉姆斯，

《男人》（*El Hombre*）

在群星与银河系的轨道之间，宇宙的尘埃和空气汇聚成巨大的云团，这被视作黑暗补丁将明亮的银河系布景展露出来。模糊的星光和乌云形成了银河系斑驳的外观。这些黑暗星际云团是形成新恒星和行星的物质。据估计，银河系每年大约有 6 颗新恒星出现。

根据古希腊神话，在众神出现之前，第一批人类是泰坦人。泰坦人是大自然无法控制的力量的化身。泰坦人创造了三个独眼巨人，他们体形巨大，且每个巨人的前额上都有一只闪闪发亮的眼睛，就像一颗明亮的星星一样。独眼巨人劳作于众神的锻造炉，对宇宙万物进行粉饰，让它们有型且美丽。

这个锻造炉的秘密，即星体产生的实际过程，通常深埋在乌云密布里，非我们所能见。但有一个地方，独眼巨人却让门开着，这样我们便可以看到巨人的秘密。在比组成猎户座的明亮恒星还要遥远的地方，1 500 光年之外，有一团巨型乌云。正是因为这团巨型乌云的存在，银河在猎户座和金牛座附近时不如在其他地方那样明亮。

不到 100 万年前，云层的引力坍塌导致了大量超大质量的恒星爆炸式出现。这些恒星强烈的辐射形成了不断膨胀的热气泡沫，而泡沫破裂又形成了一堵云墙。在一个漆黑无月的晚上，用肉眼你就可以看到来自猎户座的宝剑上的一点微弱的光亮——集中在锅的手柄处的中央恒星。这是猎户座的巨大星云，是乌云墙上的一个发光的坑。用大型望远镜观看你会发现，这是最让人惊叹的一场视觉盛宴，翻滚湍急的星团位于流动发光气体的旋涡里。即使用双筒望远镜观察，也能看到一些发光气体的光圈和旋涡。在众神的锻造炉内有大量来自猎户座4颗温度最高、最大的星云，它们释放的高能紫外线激流把气体升温到10 000摄氏度。这些恒星被称为猎户座四边形，用小型望远镜便可以看到。

同样，还有4颗明亮的猎户座四边形星团（其中2颗实际上是2星体算作1颗），其他3颗星属于中央星团。因此，四边形星团实际上是9颗。这9颗恒星加起来等同于110个太阳的质量，但占用的空间体积只有0.1光年宽，仅为太阳与最近恒星间距的1/43。

四边形星团显示，彼此受引力作用，密切地交织在一起，并循着复杂的轨道围绕彼此运行。因为这些轨道是不断变化的，所以整个四边形星团很不稳定，而彼此近距离靠近只是一个时间问题。恐怕只有鞭绳才能将这些恒星甩出这个四边形星团。

强有力的证据表明，四边形星团自形成以来，一直处于一种不断分裂的状态中。现已确定，另外11个大型星体，正在往与猎户座星云相反的方向运行——它们已经被扔出了星云窝。其中一个星龄尚小的恒星，御夫座 AE，已经从诞生地划过天空偏离了 44 度。其路径几乎是直接穿过猎户座北部，经金牛座后进入御夫座。在不到 100 万年之前，它就已经被逐出了猎户座星云团。

形成猎户座星云的热气泡不断膨胀，破裂后压缩成云墙，从而引发了恒星诞生的第二波。除了猎户座四边形，这个大坑包含了 700 个处于不同运行阶段的年轻恒星。随着时间的推移，一个由成千上万颗星星组成的星团慢慢变成了现在猎户座星云的样子。与巨人猎户四边形不同，这些二代恒星在质量上类似于太阳。在一个物质磁盘里，行星们正在形成包围这些星星的趋势。新的星世界即将到来。

七姐妹星团

所有的恒星都是以星团的形式出现的，但随着时间的流逝，星团们会慢慢散开，很少有星龄超过 10 亿年的星体。相较之下，我们的太阳及其行星系统已经 46 亿岁了。很久以前，我们的太阳也是星团的一部分，而它的兄弟姐妹早就烟消云散了。如今，它们正在试图通过星系下的星域找到自己的归宿。如果你用双筒望远镜顺着银河系观看，就会看到很多星团。根据外观你便知道，它们是由相对年轻的恒星组成的。

天空中最亮和最著名的星团是昴宿星团，在民间被称作七姐妹，被毛利人用来庆祝新年。6 月初，昴宿星团在黎明前升起，预示着毛利新年的到来。你若想要找到昴宿星团，可以参照图 11，"猎户座路标"。

　　循着三颗腰带星体运行过的轨迹，首先你会看到亮橙色的星星，毕宿五，昴宿星的"追随者"。停留一段时间后。毕宿五周围大约有 200 颗恒星，明显呈 V 字形，其中最亮的毕星团是用肉眼可以看到的。在希腊神话中，毕星团是巨人阿特拉斯的女儿，与昴宿星是同母异父的姐妹。阿特拉斯由于向众神发起战争，被判把天堂永远扛在肩上。但他常说错，说自己扛的不是天堂而是世界。

　　毕星团（名字是"雨"的意思，因为在古希腊时期，毕星团的升落都发生在潮湿的季节）是离太阳系最近的星团。它们已非常古老，且星星分布十分分散，所以最好通过双筒望远镜来观看。

　　现在，沿着猎户座腰带继续向前，经过毕宿五，你会看到一个紧凑星团，闪耀得就像一匣子钻石一样。它就是昴宿星团。大多数人可以认出其中六七颗星星，通过双筒望远镜可以看到 12 颗（参见图 12）。整个星团有几百颗星星，最亮的比太阳亮 1 200 倍。

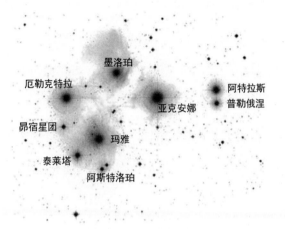

图 12 昴宿星团及其母星

正如前面所说，星团下的恒星往往是年轻的昴宿星，星龄只有 5 000 万岁，可以说是婴儿星体。410光年外的星团淹没在宇宙的尘埃和冰晶中，而冰晶能反射出比较明亮的恒星的蓝光。束状的蓝色星云在长时间曝光的照片中美丽极了，但必须借助一架大型望远镜才能看到。

在希腊神话中，七姐妹星团是 7 位仙女，是擎天神泰坦斯·阿特拉斯（Titans Atlas）和仙女普勒俄涅（Pleione）的女儿。实际上，我更喜欢普勒俄涅：它是我研究的第一颗星星。在我守候了很多个寒冷的夜晚之后，它终于发出了它的弧形光线。普勒俄涅是白热化星体，围绕着它自己的轴十分快速地旋转，从而导致它呈透镜状。旋转时，它在不规则的间隔内抖掉发光的等离子体外环和贝壳。这导致它的亮度随时都可能出现不稳定的波动。数小时内，其亮度就会翻倍，亮到可以与阿特拉斯相匹敌。对于一颗星来说，平均比太阳亮 600 倍的确是一件了不起的事。用双筒望远镜可以看到其亮度的波动和消散。

历史上，昴宿星团是非常重要的。5 000 年前，它们的升起标志着北半球的春分时节，被称为昴宿月，也标志着一年的开始。昴宿星团的升落把一年划分为四季，埃及人、希腊人和亚洲人根据季节进行播种和收获。3 000 年前，希腊人把昴宿星团与太阳同升同落作为开启海上航行的时间信号。由于他

们的经济依赖海上贸易（他们也是海盗），所以这
是他们一年中最重要的事件。人们开始将昴宿星团
与象征智慧和文明的伟大女神雅典娜以及古希腊式
的庙宇联系起来，例如，他们建造的雅典卫城朝着
昴宿星升落的方向。

　　毛利人庆祝昴宿星的升起代表着新的一年开
始了，而这甚至可以追溯至更遥远的时期。5 000 年
前，波利尼西亚人的祖先与伟大的城邦国家（今印
度尼西亚）进行贸易往来。最初，将与太阳同升同
落的昴宿星作为新年伊始的象征是亚洲的传统。后
来，早期的波利尼西亚人在航行到太平洋定居时，
便将这一传统传承了下来。

空中钻石

回到猎户座路标。如果你顺着三颗猎户腰带星相反的方向看，就会看到天狼星（犬星）。从参宿五出发，经过参宿四，你就能找到南河三（小天狼星）。猎户座中的第一大星参宿四、大犬座中的天狼星、小犬座中的南河三合在一起，就形成了夏季大三角。记住，大、小天狼星分别位于银河系（天体尼罗河）的两侧。

与最明亮的恒星不同，犬星都是太阳的邻居：天狼星 8.6 光年，南河三 11.4 光年。天狼星是天空中最亮的恒星，比它还亮的只有个别行星：金星、木星，有时是火星。毛利人称天狼星为霜星。如果它升起时剧烈地闪烁，则预示着严寒霜冻的来临。

实际上，天狼星是距离地球半径 25 光年内的

150 多颗星中最亮的恒星，可见光度是太阳的 23.5 倍，而其表面高温释放出的紫外线辐射总量相当于 32 个太阳的输出量。小犬座中的南河三是天空中第八亮的恒星，也是白热化星体，亮度是太阳的 7 倍。

仔细观察这两颗星星你会发现，其中隐藏了两颗罕见的恒星，一经发现，世界各地的报纸都争相用头条新闻报道此事。太阳与其他所有恒星以很快的速度穿过太空，这是一场浩瀚无垠的银河系之旅。然而，它们是那么遥远，从它们在天空中本来的位置运动到我们能用肉眼观察到的角度位置，需要数千年。这与我们似乎看到的事实并不一样，星星并非世世代代保持不变的位置。

如果我们能找到一个生活在 5 000 年前的人，那么，他可能会找到他所熟悉的当下的星星图案。然而，如果我们再往回退一点——比如，10 万年前，一个来自那个时候的旅行者会不认识我们的夜空。通过功能强大的望远镜，今天的天文学家可以监测恒星的运动。图 13 显示了恒星是如何形成南十字星座和指极星的,其中围绕天空跟随南十字星座运行的两颗明亮的恒星,在未来 10 万年中,其位置将发生变化。

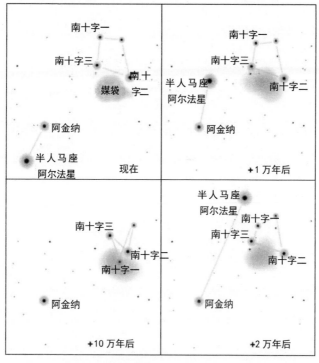

图 13　天空中的星星运动导致南十字星座和指极星图案发生变化

1834 年，德国天文学家弗里德里希·贝塞尔观察到天狼星在运动。但这颗星不是做直线运动，而是走了一条穿越太空的蜿蜒之路。6 年后，贝塞尔发现了其他天狼星，如南河三也出现了类似的现象。1844 年，他确定这两种恒星运动变化是由于受到了我们看不见的"黯淡"伴星引力。

这些黯淡恒星并非完全黑暗无光，1862 年，一位美国眼镜商兼望远镜制造商，阿尔万·克拉克在测试他设计的一副新的望远镜时，看到了天狼星的伴星。30 多年后的 1896 年，人们也发现了南河三的伴星。

天狼星伴星的发现曾一度登上世界各地的新闻头条。这个外来新天体走进了人们的视野。天狼星伴星完成一次围绕天狼星的运行平均需要 50.09 年。轨道被拉长了，两者之间的距离也在不断变化。平均距离是 33 亿公里，与太阳和天王星的距离差不多。

天狼星伴星之所以很难发现，是因为它比天狼星微弱 9 100 倍。我也只成功看到过它一次，那还是在 1976 年，星星离散达到最高限度时。其中最近的两颗恒星，在地球上用最大的望远镜也无法看到。

发现天狼星伴星时，令人感到奇怪的是，虽然光度微弱，它的温度却很高 —— 它几乎与天狼星本身一样高温。一个温度很高的天体的辐射面应该是狭小的，但事实证明，它比地球还大一点。

它不仅是体积小、温度高，还是质量巨大的一颗伴星。天狼星的质量是太阳的 2.35 倍，而体积比主星小百万倍的天狼星伴星，质量约占太阳的 99%。想象一下，把整个太阳系的质量压缩成一个比地球大一点的天体。天狼星伴星的密度很高，超过了主星密度数千倍。在天狼星伴星上，1 茶匙的物质能重达 100 吨。

天狼星伴星是第一个被人类发现，也是离我们最近的新型恒星 —— 现在被人们称为"白矮星"。南河三的伴星也是一颗白矮星，轨道周期为 40.65

年。白矮星是一个残骸星球，是那些曾经闪亮的恒星光芒消退后的余烬。恒星上的核火灾引起的反应释放能源，最终自身枯竭，而恒星受到自身重力的碾轧，坍塌成灰烬，陨落至太空的角角落落。但它们留下的是密度极高的物质，一种白热化的煤渣，经过漫长的冷却，这些煤渣逐渐变得寒冷而黯淡。

即使到了现在，天狼星伴星的表面也依然在固化。将来，整个星体会聚合成固体。因为它的主要物质是碳，所以最后会成为一颗巨大的水晶，一颗像地球那么大的刚硬钻石。但任何试图降落到这颗空中钻石上去探矿的人就倒霉了。如此巨大的质量集合到一个体积如此小的星球上，该星球的表面重力会非常大。在该星球上，一个普通人的重量将达到2 000吨。一旦着陆，飞船和宇航员将立即被碾轧成片，散落在足球场大小的区域里。

乔斯林灯塔

在开始写这本书时我就决定，我要坚持写那些用肉眼能识别的星星。然而，由于这些星星实在是太有趣了，我便破例允许自己写两颗用肉眼看不到的。乔斯林灯塔就是我要说的第一颗星星。

1054 年，中国天文学家记录了出现在金牛座下的一颗明亮星体。有证据表明，当地的美国人也记载了此事。这颗星星亮到在大白天都能看到，且一亮就是数月，然后才慢慢从人们的视线中消失。中国人称它为一颗新星，但其实它并不是一颗刚诞生的星体。曾经，一次真正可怕的太空事件发生——星际空间深处的一颗巨大的恒星爆炸了，天文学家称之为"超新星"。就在一瞬间，强光喷射，光度达到太阳的 1 亿倍。毗邻的星空瞬间被汽化，原子、粒子的冲击波向四面八方穿行了数百光年。

从南半球的角度看，星星将出现在天空中的猎户座下，接近星星天关（参见图 11）。现在，用大型望远镜观看，能看到一处发光的星团，我们称之为蟹状星云。它是 950 年前爆炸的恒星的残骸。爆炸的碎片飞向直径 5 光年的太空区域，向外运动的速度达到 1 000 公里 / 秒。在晴朗的夜晚，远离城市的绚丽灯光，用一副双筒望远镜就可以观察蟹状星云了。

1968 年，英国剑桥大学的博士生乔斯林·贝尔发现了一个来自外太空的神奇脉冲。这个非常有规律的脉冲显得很不寻常，以至于来源一开始就被扩大了一倍，即 LGM1，被称作"小绿人"。但这些并非试图联系我们的外星人发出的讯号。这个脉冲来自人类迄今都未知的天体脉冲星——一颗比白矮星更奇怪的星星。虽然一开始也发现了其他脉冲星，但最近、最强大的一颗就位于蟹状星云中心附近。

到底是怎么回事？似乎是在大爆炸时，它没有被完全摧毁。坍塌的核心仍然存在，当它以 30 次 / 秒的速度围绕着自己的轴旋转时，会发出嘶嘶声和脉动辐射。这些残骸，即蟹状星云的质量是整个太阳系的两倍之多，坍塌成一个直径仅 18 公里的小球体。其密度如此之大，一茶匙物质就和地球一样重。

在强大的重力下，脉冲星密度很大，甚至都没有原子存在。其内部由亚原子粒流体（中子）组成，外部被坚硬的铁和中子外壳包裹着。因此，它也被称作中子星。

本质上，这是一颗巨大的原子粒，大如一座城池。恒星表面发生震动，形成各种裂缝。从这些裂缝中，大量原子粒螺旋进入太空，生成一束束光线和无线电波。该恒星自转时，光束像灯塔一样向四周扫射。而地球恰好在灯塔的扫射范围内，因此，我们会接收到 30 次 / 秒的脉冲光和无线电波。

乔斯林·贝尔的这一重要发现虽然很有趣，但并没有得到人们充分的肯定。相反，1974年的诺贝尔物理学奖授予了她的上司，安东尼·休伊什和另一位剑桥大学天体物理学家，马丁·奈尔。休伊什说，他在脉冲星的发现上起到了决定性作用。这件事在当时引起了相当大的争议，最杰出的天文学家弗雷德·霍伊尔爵士甚至发起了公开抗议。

白矮星是普通星燃烧后的煤渣残骸，中子星则是巨星残骸。这些恒星的死亡对地球上人类的生存很重要。宇宙几乎完全是由氢和氦组成的。更重要的元素，如碳和氧，是在星星的内部形成的。现在，太阳正在产生氦，而当其生命快要结束时，就会产生碳。

星体陨落（死去）时，它们释放大量物质到太空中，有时猛烈到像超新星爆炸时那样震撼。随着时间的推移，宇宙中富含重量元素，它们都是形成行星、岩石、树木和人类的原材料。普通的星体产生普通元素，而超新星等罕见的爆炸则往往产生稀有元素。所以，很显然，你手指上的金戒指，就是来自恒星物质的一块，是在地球诞生数百万年前超新星爆炸时形成的。

将来，蟹状星云的碎片也会被其他星体吞噬，形成新的恒星。例如，凤凰，就是从自己的骨灰里重生的星星。

南十字星

对于北部航海家来说，天空中最著名的天体就是北极星。北极星是一颗明亮的二等恒星，位于北天极 1 度。它所在的方向为正北方向。

早期的航海员越过赤道向南航行时发现，他们看不到北极星了。因此，他们需要一颗新的极星标志来定位。但不幸的是，南天极没有明亮的星星可以用来定位。为了找到南极星，他们便利用南十字星 —— 这个星座的官方名字是南十字座。南十字座是天空中最小的星座。它原来只是半人马座的一部分，但因为其重要的导航向标作用，16 世纪的欧洲探险家和天文学家把它分离出来，使其成为一个独立的星座。在欧洲人将它作为一个导航向标之前，毛利人就已经这样做很久了。它相当于今天的斯图尔岛。

在夏天的夜晚，银河系呈拱形，从北到南穿过天空。从猎户座开始，视线沿着银河系向前，可以看见天狼星。一直向南，最终会看见南十字星，它就镶嵌在银河系里。夏天，南十字座在银河系的一侧。

在银河系的南部，有几个十字星座。若想找到真正的南十字座，就要先找到这两颗明亮的指极星（参见图14）。另一个线索就是找到"煤袋"——位于南十字星座边缘的黑暗星云。从黑暗天网看，煤袋星云是非常引人注目的，因为它的颜色比正常夜晚天空的颜色还要黑，而明亮的银河系会把它的形状映射出来。因为星云遮挡住了更遥远的恒星的光，所以用肉眼只能看到煤袋下的一颗星。

利用南十字星做导航向标，可以把它看作天上的一个大箭头。只不过，它的箭头始端是南十字二星。现在，在你的头脑中画一条直线，穿过十字架的长轴，延长箭头，划过天空。你会发现，箭头正指向

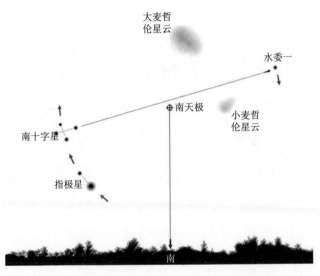

大麦哲
伦星云

水委一

南天极

小麦哲
伦星云

南十字星

指极星

南

图 14　利用南十字星找到正北方和确定你所在的纬度

另一颗明亮的恒星。你是不会错过这颗星的，因为它是箭头延伸区域唯一一颗一等星 —— 水委一。与这条假想线交叉的约为中点的地方便是南天极。朝着正南方，从这一点可以下降到地平线上。

从新西兰的奥特亚罗瓦岛看，南十字和水委一都是极地附近的恒星，也就是说，它们从不落下。它们的方位夜夜变化，四季更换，就像大时钟的指针一样，围绕天极进行顺时针移动。

　　一旦确定了天极的位置，你便可以确定自己所处的纬度。天极与地平线的角距离等于你所在的纬度。例如，在惠灵顿测量南天极和海平面之间的角距离，得到的 41 度便是惠灵顿的纬度。令人感到惊奇的是，我们不需要复杂的工具就可以进行测量。波利尼西亚人在航海时用大概手臂长度的、削过的木棒，或者仅仅伸出手来测量（参见图 15）。

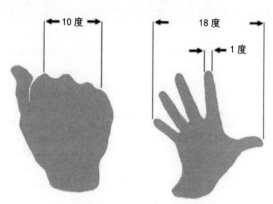

图 15　伸出手来测量角距离

寻找人类宜居星球

大多数来自北半球的游客若是对星星感兴趣，他们想看的第一个星座就是南十字座。但对我来说，当我于 1973 年到达新西兰时，我观看的第一颗星是两颗指极星中比较亮的那颗，半人马座阿尔法星。半人马座阿尔法星就像"失落之城"亚特兰蒂斯，一个充满神秘和想象力的地方。在深入探讨半人马座阿尔法星之前，我想先介绍一些背景知识。

地球是太阳系中的一颗宝石，是唯一围绕太阳公转且存在生命的地方。如果仔细观察生命的本质，你会发现其并无惊奇之处。因为地球上所有的生命，从细菌到人类，都基于碳原子。我们很难想象出生命的不同形态，因为碳是唯一可以结合自身和其他元素来创造大而复杂分子的元素。硅也有类似的特质,但其效果只有碳的 1/10。

当碳分子温度达到 100 摄氏度以上时,会开始分解,这就是我们采取高温灭菌的原因。而低温能减缓生物的代谢功能,在温度低于 0 摄氏度时,生物的代谢功能基本会停滞,这就是我们冷冻保存有机材料的原因。因此,生命若想存活,周围环境温度既不能太高也不能太低。宜居星球必须选择恰到好处的生存环境。地球能提供合适的温度,因为它与太阳的距离刚刚好。太阳系中没有其他星球可以满足这个条件。

当然,如果说温暖程度是唯一因素,月亮也是满足生命的生存条件的。但实际情况并非如此。月球上贫瘠荒芜,不具备生命生存的另一个至关重要的条件 ——液态水。水是生命诞生的化学过程中所需的介质,而月球缺乏大气层,无法生成液态水。

我们通常说,水的沸点是 100 摄氏度,但这只是在海平面上时才如此。水的沸点取决于大气压力：空气越稀薄，沸点越低。在珠穆朗玛峰上，人无法喝到一杯热茶，因为水的沸点会低于 100 摄氏度。相反，在低于海平面的干旱山谷中，空气的密度很大，水必须加热到 100 摄氏度以上才能沸腾。

一颗行星的大气层密度很大程度上取决于这颗行星的质量。例如，火星比地球小得多，在夏天，空气太稀薄，水的沸点（达到的最高温度）约为 3 摄氏度在火星上，你无法很舒适地沐浴：其温度最高的水像我们的北冰洋一样寒冷。

在火星的冬季里，空气甚至更薄，水的沸点是 0 摄氏度。因此，火星上没有液态水 —— 温度一旦高于 0 摄氏度，水就会直接变成蒸汽。放一杯水在火星表面，真的会爆炸。这就是宇航员们都需要穿加压服的原因。人体主要由水构成，在真空环境下，如果没有保护的话，他们的血液会直接在静脉血管里沸腾起来。

行星的体积越大，其表面保存的空气和水越多。在一颗质量是地球两倍的行星上，可能根本没有大陆，即使有的话也会很少。相反，它的整个表面被水覆盖。一颗质量是地球 3 倍之多的行星，由氦和氢构成密集大气层，让人难以呼吸，这样的大气条件不可能满足高级生命体的生存条件。

小行星上往往很少有甚至没有大气，而巨行星则笼罩着高密度的大气层。因此，星球恰当的体积大小也很重要。金星体积刚好，但它离太阳太近，其环境就是一个地狱。月亮离太阳远近刚好，但它体积太小，没有大气层。如果我们想要寻找像地球这样的宜居星球——有复杂的生物学环境的星球，那么，我们必须去太阳系以外的其他星域内寻找。

（即使不是所有行星）大多数行星都是恒星的伴星。如果 100 万颗恒星中就有一颗宜居星球，那么，整个银河系中将会有 10 多万颗像地球一样的星球。而如果每颗星球都进化出自己独特的动植物，这些地方将变得不可思议。然而，不幸的是，这些地方只是我们的想象而已：恒星离我们如此遥远，运用目前的技术连勘探它们都做不到，更别说居住了，而行星们更是都像地球一样小。

要成为一颗宜居星球，该行星还需要围绕合适的恒星公转。恒星的物理性质变化巨大，只有5%的恒星可以提供与地球相似的生存环境。碰巧在我们的宇宙之门——半人马座阿尔法星上发现的不是一颗而是两颗恒星。半人马座阿尔法星是空中第三亮的恒星，发出的光呈黄白色。另一颗是指极星阿金纳，它发出的光呈蓝白色。指极星似乎挨得很近，但这是一种错觉。阿金纳是一颗远在526光年之外的巨星，而半人马座阿尔法星仅在4.4光年之外。后者之所以看起来更加明亮，是因为它与地球相对较近。

用望远镜观看半人马座阿尔法星，可以看到它实际上是一颗耀眼的双星体。两颗恒星都与太阳相似，完成围绕共同的重心旋转一圈需要 80 年。因为它们的轨道是椭圆的，所以两者的距离也在不断变化。彼此相距最近时为 90 光分，比土星和太阳的距离远一点，而它们相隔最远时为 5 光时，比海王星和太阳的距离还要远。

两颗半人马座阿尔法星可能有它们自己的行星系统。为了保持运行轨道稳定而不受其他恒星的影响，每个星球与恒星的距离必须保持在 16 光分或 3 亿公里内。运行轨迹与水星、金星、地球和火星的运行轨迹相似的行星将会很稳定。因此，我们有可能从这两颗半人马座阿尔法星中找到一颗宜居星球。

包括两颗恒星的行星会是什么样子的？围绕着半人马座阿尔法星中更亮的那颗星运转的行星，在适当的距离能接收到与地球相同的光和热吗？其主要恒星看起来与天空中的其他星差不多，但其第二颗恒星，甚至在与它距离最近时，体积也比主星小 100 倍，光度微弱 215 倍。第二颗恒星不能提供热量，所能提供的光和热还不到两颗星提供总量的 1%。

如果天空中有两颗恒星交织在一起,那么,这个世界上的居民将看到两次日出、两次日落。但如果是这样的话,天文学家就不好过了,因为近半年时间都是白昼 —— 当其中一颗落下时,另一颗则会升起。

如果未来的宇航员们能够到达半人马座阿尔法星上,他们无疑会期待着回家。夜空下,他们看到的星座与从地球上看到的相同。不过,也会有些许不同:其中一颗指极星会消失不见,北部仙后座会多一颗恒星 —— 我们的太阳。当然,他们将看不见地球了。实际上,我们整个太阳系都将缩小成一个星光点。宇航员们会觉得自己完全孤独地存在着。如果他们给家里发消息,那么,要花差不多 9 年的时间才能收到回信。

在半人马座阿尔法星上有一颗宜居星球吗?可能没有,因为有另一个需要考虑的主要因素 —— 时间。我们通常认为，我们的星球是一个绿色和宜人的星球，然而，它这样的环境只有 4.5 亿年的历史，只占历史的 10%。随着太阳的年龄不断增加，亮度增加会变得缓慢，其行星环境也会随之改变。纵观地球过去的大部分历史，除了微生物，其环境都是不利于其他生物生存的。而在未来，随着太阳继续发光，地球会再次成为荒凉之地。

然后，有一段时间，复杂的生命形式可以在行星表面生存。即使在半人马座阿尔法星上可能存在一颗宜居星球，这种诞生生命的时机与我们地球相符合的可能性又有多大呢？它可能在几十亿年前就能满足生命的生存条件，但是现在已经进化成荒无人烟、炽热无比的沙漠了。也可能，它将在 10 亿年后有生命诞生。

从另一个角度看这个问题，当地球正是一片欣欣向荣的景象时，如果外星人会到访太阳系中的随便一个点，那么，其到达的可能性只有 10%。人类文明仅代表地球历史的 1/1000000，因此，外星人在一百万年中只有一次机会可能遇到地球人。

空间和时间的无穷让我怀疑外星人是否真的到达过地球。在一个有数十亿颗恒星的星系里，两种文明在相邻的星系中同时诞生，这种可能性微乎其微。如果他们不相邻，相遇则是更不可能的。如果最近的外星人文明在 1 000 光年外的话，那么，我们需要用一架非常大型的望远镜才能看到太阳。此外，在偶然发现我们之前，这些外星人会找一个更近的、百万光年之外的星系去探索。

如果他们用射电望远镜扫描，不会发现什么有趣的东西——他们会看到我们的太阳系是 1 000 年前的样子。我们那时还不会使用无线电波广播。当然，这可能会发生改变。我们使用无线电波广播有 80 多年的历史了，现在这些电波已经穿越到约 80 光年之外，进入了太空。如果离我们最近的技术邻居在 100 光年之外，那么，至少需要大概 20 年的时间，即当他们接收到我们第一批无线电传输电波时，他们才会意识到我们的存在。

那么，不明飞行物呢？有趣的是，经常观看天空并对天文现象很熟悉的天文学家们（专业和业余爱好者）很少提到不明飞行物。一旦确定看到了，通常会被认为是普通的物体，如远处的直升机和侦察机的夜视灯，或接近地平线的行星和明亮的恒星。一颗明亮的恒星有时会剧烈地闪烁，且颜色不同。每年在卡特天文台，当明亮的恒星 —— 老人星靠近海平面时，我们会收到一些关于不明飞行物的报告。

曾经一些让人印象深刻的不明飞行物，最后都证明只是异常的大气现象，如透镜状云或"海市蜃楼"。透镜状云飘浮于山顶，我经常在马提斯皮达（Tararuas）山顶看到它们 —— 因为透镜状云呈完美的圆形或晶体状，而山上海拔较高，即使天黑后也能受到太阳照射。

我曾住在新西兰北国的昂扎希（Onerahi）。有一次，在与朋友通电话时，我下意识地从窗口向旺阿雷（Whangarei）远处西山的方向看，因为朋友住在那里。我发现，太阳已经下山，但天空还是蓝的。

突然，我看见一个明亮的东西从山上升起来，并快速移动划过天空。雪茄形状，金属般质地，闪闪发光，颜色各不相同。我立即告诉朋友，我必须仔细观看。挂断电话后，我找到一副双筒望远镜进行观察，这才解开了谜团。原来，快速划过天空的只是一架军用飞机而已，因为太高，我才无法用肉眼看到。所以，我看到的可能是它的尾气和蒸汽残留的痕迹，由于它所处的海拔较高，在我看来便是闪闪发光的。

第二天，当地报纸报道了人们目击不明飞行物事件。一辆载满乘客的公共汽车停了下来，大家都好奇地观看来自外天空的神秘游客。如果不是我用双筒望远镜仔细观看，恐怕直到今天我也不知道这是什么。

如果我们真的会遇到外星人，我希望过程能比看天空中的光更戏剧性些,或者,它能看起来像一个模糊不清的垃圾桶盖子。目前,关于不明飞行物的报告还是不够有趣。"遇见第三类物种"报告称,看到外星人与被外星人绑架一样,都很老套。显然,这些故事表明,他们缺乏一定的想象力。毫无疑问,他们对外星人及其太空飞船的描述,听起来像是出自一本庸俗的科幻小说或一部 B 级恐怖片。

放心,我没有别的意思。相较于不明飞行物,我认为银河系中有其他生命存在的可能性更大。在成千上万的星球世界中,可能已经诞生了智能生物,并进化成技术文明。我认为,没有任何真实的证据能够表明,不明飞行物曾经到过地球。

尽管如此,我仍然会一边看着半人马座阿尔法星,一边幻想着上面是否真的有生命存在。

麦哲伦星云

用我们已知的大量星系，去推敲我们未知的大量星系，从而了解整个银河系。

——鲍里斯·帕斯捷尔纳克（Boris Pasternak）

现在，让我们回到在南十字星和水委一之间寻找南天极时所画的假想线（参见图14）。在这条线的任意一侧，你都能看到两个发光的星云，即麦哲伦星云，银河系中的两个小卫星星系。它们是离地球最近的星系，是你用肉眼很容易就能看到的最遥远的天体，不过，你只有从南半球才能看到它们。它们是以葡萄牙探险家费迪南德·麦哲伦的姓氏命名的。在其史诗般的环球旅行中，1519年，麦哲伦首次向世人介绍了它们。

　　麦哲伦星云在 16.9 万光年外，包含 100 亿颗恒星，此外，还有乌云、闪闪发光的星云和星团聚集。1987 年，这个星系下的一颗恒星爆炸，发出的光相当于 1 亿个太阳的光。这颗爆炸的恒星或者超新星是自 1604 年以来人们能用肉眼看见的第一颗星，它是被新西兰人阿尔伯特·琼斯（Albert Jones）发现的。阿尔伯特是一位业余的天文学家，经常用自制的望远镜在尼尔森的自家后院内观看。他是世界上观察到变星（亮度不断变化的恒星）最多的人。他发现变星后会通知世界各地的天文台，从而让天文学家们可以研究罕见的天文事件。尽管阿尔伯特看到了 1987 年爆炸的恒星，但由于其遥远的距离，爆炸实际发生在 16.9 万年前。

　　小麦哲伦星云更遥远，在 19 万光年外。它的蝌蚪形状是受银河系引力潮汐的影响而形成的。大星系，如银河系，通过侵吞较小的星系开始不断膨胀，就像巨大的变形虫一样。它们穿过天空，一路吞噬比它们小的星系。实际上，无论是大麦哲伦星云还是小麦哲伦星云，都会被引力困住，随着时间的流逝，它们都将与银河系融为一体。

在人马座下，我们可以用肉眼看到一个宏伟巨大的球形恒星系，看起来就是一颗模糊星（参见星图表）。在这个星系中，半人马座欧米茄包含了近500万颗恒星，最初被认为是银河系里最大的球状星团（球状星团是古代围绕星系原子核环形运转的大型球状恒星群）。然而，最近的研究表明，半人马座欧米茄是另一个星系的中心——一个在10亿年前被银河系吞下的星系。

靠近小麦哲伦星云的是一个光球，看起来像一颗离焦恒星。如果用双筒望远镜观看，你会发现，它的亮度向中心凝聚。用望远镜观看这个天体，一个巨大的球状星团叫杜鹃座47，是最壮丽的天文奇观之一。它的直径为140光年，可能包含了100万颗恒星。星星向中心聚集，各自的图像融合成一团灿烂的火焰。

在靠近杜鹃座 47 中心的星团里，星星彼此挨得比一般空间区域内的星星近 50—100 倍，各位不妨想象一下那片夜空的样子。数以百计的星星会亮到足以让我们在大白天看见它们。这个巨大的古老星城飘浮在虚无缥缈的太空间，游离于我们银河系的旋臂之上和之外。从一个有利的位置 —— 距离地球 1.5 万光年之外 —— 来看，你能看出那个巨大的宇宙星群旋涡就是银河系。

尽管杜鹃座 47 宏伟壮观，但实际上它只是一个恒星墓地。我们看到的明亮的恒星，其实都是一些快要烟消云散的老恒星。飘浮在其间的是数量巨大的弱光白矮星和中子星 —— 曾经辉煌耀眼的恒星燃烧过后的残渣。杜鹃座 47 是一处遗迹，至少有 100 亿年的历史 —— 它大概是星系中最古老的天体之一了。

流星和鬼魂

如果在星空下坐一会儿，你很可能会看到一颗流星——一道闪烁的光划过天空。有时，这些流星会拖着长长的尾巴；有时，它们的颜色耀眼万分；有时，它们是流光溢彩的火球，能够瞬间照亮整个天空。

虽然名字很像，但流星与星星无关。它们只是进入地球大气层时开始燃烧的宇宙残骸小碎片。当它们穿过大气层时，空气与碎片摩擦生热开始燃烧，然后我们就会看到一颗流星。大多数流星比一粒沙子还小。一颗拳头大小的流星会瞬间照亮整个夜空，使之犹如白昼般明亮。如果流星在划过大气层之后还没有焚烧殆尽，降落到地面上，那么，我们称之为"陨石"。

地球在自转时，会不断清扫粒子。午夜过后，顺着地球运转的方向观看夜空，我们能看到大多数流星（参见图 16）。傍晚时我们看到的流星都是从地球后面穿过来的，为此，它们必须运动得比地球更快。所以，它们也很罕见。

流星有三种来源：一、很多流星源于小行星相互碰撞产生的岩石或碎片。小行星是很小的岩石体，小如卵石，大至直径数千公里。太阳系中有成千上万颗小行星，其中大多数都围绕着太阳运动，运行在火星和木星的轨道之间。二、一小部分流星源于其他行星的碎片，受到小行星或彗星的猛烈冲击后，被抛入太空。这两种流星往往是随机出现的：它们划过天空的时间和穿过天空的路径都是不可预测的。

流星的第三种来源是彗星。一颗明亮的彗星看起来就像一颗很大的模糊星体，有着幽灵般的长尾巴。彗星划过天空时不会闪烁，而是像行星一样，在恒星间缓慢运动。彗星的核心很小，直径只有几公里，由很多孔的干冰组成。彗星是生成太阳系的物质残留，如今位于地球轨道远处的黑暗区域。

有时，由于一些干扰，一颗彗星向太阳坠落，穿过太阳系中央。在这种情况下，太阳辐射会加热和蒸发外层及星尘、冰、天然气的光环，而这些光环可能膨胀到上万公里宽。光和热也会膨胀，太阳释放出大量的原子粒子，我们称之为"太阳风"。太阳风向后驱散彗星光环，形成尾巴状的物质。之后，该尾巴可能延长至数百万公里。无论彗星正朝向哪个方向，它的尾巴总是偏离太阳的。

纵观人类历史的长河，这些神秘的天文现象一直让人们抱有一种敬畏之情。在很多早期文化中，人们把这些神秘的现象看作饥荒、瘟疫、战争、王子夭折、国家衰亡的征兆。这些信仰可能源于耶路撒冷的衰亡：公元 66 年，在罗马人洗劫这座城市前不久，一颗彗星挂在天空中。作为世界末日的预言者，

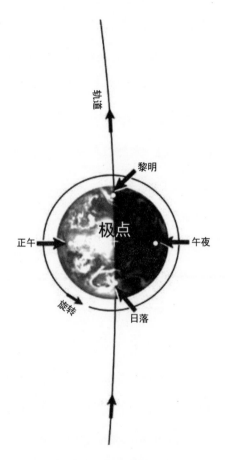

图 16　穿过太空的地球

[相对于地球的运动，一位观察者（用白点标出）在日落时位于地球背面，并在黎明前出现。]

彗星常常成为自我实现的预言。例如，1066年，诺曼军阀在天空中看见一颗彗星，他们认为，这是一个王国灭亡的象征，因此，他们迅速入侵英格兰，并取得了著名战役——黑斯廷斯战的胜利。

当彗星划过太阳系内部后，留下了那些松散的碎片，它们沿着运行轨道一路抛撒。如果碎片轨道与地球轨道相交，我们就可以看到流星雨。地球与彗星的旧轨道相交时，每年在同一时间会出现一场特别的流星雨。此外，天空中所有的流星会从同一点向外辐射，这个点我们称为辐射点。

图17显示了来自哈雷彗星的碎片流。一年中，在地球上可以看到两次流星雨：5月的埃塔阿科瑞德流星雨和10月的猎户座流星雨。流星雨的名字根据的是离辐射点最近的明亮恒星或发生流星雨时所在的星座。只是很偶然地，这颗哈雷彗星被耶路撒冷人和诺曼人看到了。

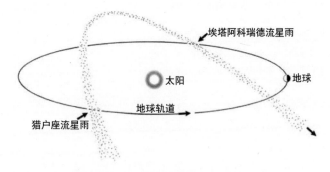

图 17　哈雷彗星的碎片流与地球轨道在两个点相交，产生流星雨

地狱里的巨大黑蜘蛛

每次当我即将踏上危险的旅程时，都已做好攀登新峰的准备。那些有勇气继续探索的人，终将抵达新的土地。

——伊曼努尔·康德，《自然通史和天体论》

最值得我们注意的两个星座是猎户座和天蝎座。二者都是与银河系相对的，都由明亮的恒星组成。这两个星座在天空中彼此几乎是相对的，多年来一直被世界各地的人们视作季节性标志。在南半球，猎户座是夏季夜空的主导者，而天蝎座是冬季夜空的主导者。只有在春季和秋季，两个星座才会一起出现。当其中一个正从西边落下时，另一个则从东边开始升起。

这两个星座都起源于古代，还可能在文明崛起之前。在所有北方文化里，猎户座一直被描绘成猎人状。对于源于伟大的美索不达米亚传统的文化来说，天蝎座则是蝎子状。但在中国，人们将其描绘成一条龙，而波利尼西亚人将其描绘成一个像毛伊岛（Maui）的钓鱼钩。

从赤道以北的某个点望向西南方，天蝎座的钩子悬挂在地平线下方，就像是正在海里捕鱼。当你向前航行滑动鱼钩时，它就会慢慢地升起。如果你继续朝着那个方向航行，最终，新西兰的奥特亚罗瓦将会出现在地平线下的钩子上。在毛利人的传说中，它是将这座岛屿钓起来的鱼钩。

天蝎座是新西兰的天顶星座，也是从北方到奥特亚罗瓦的航海导航灯塔。当你站在奥特亚罗瓦大约南纬40度的纬线上时，可以看到它直接穿过头顶。

在希腊的神话故事中，猎户座俄里翁是一个身材高大的男人，是地球上最伟大的猎人。他是诸神最爱的一个,但他喜欢吹嘘,这点让人很讨厌。有一天,他吹嘘说,他将会猎杀地球上所有的动物。而这激怒了诸神之后——赫拉女神,于是,她将自己的一个奴才,一只巨大的蝎子送给了他,想给他一个教训。没想到,蝎子蜇了俄里翁并杀了他。

一些神对俄里翁感到惋惜,想要把他放在天空中,让他永垂不朽。但赫拉不同意。于是,她把她的蝎子放在他的对面监督他。在其余生永恒的时光里,蝎子都会穿过天空,追逐俄里翁。当天蝎座升起时,猎户座便可以逃离天空(它将落下),而当天蝎座落下时,猎户座却再次升起了。

天蝎座是为数不多的形如其名的星座之一。心宿二是一颗明亮的、微红的恒星,即该野兽的心脏,而一条由明亮恒星组成的曲线形成了天蝎座的尾巴。蓝白恒星尾宿八位于蝎子尾巴的末端。心宿二像参宿四一样,是一颗红色的超级巨星,直径是太阳的 400 倍。这颗红色巨星也有一颗伴星,由于颜色的鲜明对比而呈绿色。然而，由于这颗巨大的红宝石和绿翡翠伴星相互靠得太近，我们只能用望远镜才能看到它们。

随着天蝎座升起，我们将看到银河系最大、最耀眼的星域——它看起来像一个巨大的隆包，被一个巨大的黑色裂痕割裂开来。传说中，黑暗裂谷是天空中的一个洞，蝎子就是从这里爬出来的。而在这些云团的背后，的确隐藏着一个怪物——一个位于星系中心、在 27 000 光年之外的怪物。

银河系的中心区域是一个由 500 亿颗恒星组成的巨大的球形星系。这些恒星挤在一起，形成一团闪耀的火花。像蜜蜂围绕着蜂蜜罐子转一样，这些恒星也会向中心聚集，直到形成一场宇宙龙卷风。接着，它们会被一张重力网紧紧包裹着，就像一只巨大的地狱黑蜘蛛。然后，在空间和时间的沉淀下，慢慢形成一个巨大的黑洞。这个洞的直径为 10 亿公里，引力相当于 300 万个太阳。陷入这张网之后，它们的命运逐渐走向终结，而黑洞附近的恒星也会慢慢变成彗星状。最终，它们与黑洞的吸积盘合并，形成一个巨大的、向内旋转的物质旋涡。

接下来的事情就会被世人彻底遗忘了。任何进

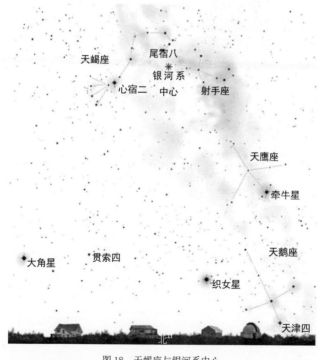

图 18　天蝎座与银河系中心

（在我们冬日的夜空中，天蝎座和银河系最亮的部分直接穿过头顶，而天蝎座的尾巴与银河系的中心位置很近。）

入这个洞的星体都会从宇宙中消失。在这里，时间和空间甚至都将不复存在。如果落入这个洞，你就会穿越时间，看到整个宇宙的未来。但是，你也回不来了。这些将永远属于你一个人的秘密。

术语表

（按中文名首字拼音排序）

白矮星（white dwarf）：曾经明亮的恒星的残骸，体积小、密度高。

北回归线（Tropic of Cancer）：南半球冬至（北半球夏至）时所在地球上的纬度，北纬 23.5 度，此时，太阳正位于头顶上方。

超巨星（supergiant）：指巨大、高亮度的恒星。

超新星（supernova）：指爆炸的恒星。

晨星（morning star）：明亮的行星，通常是金星，可以在东方晨光中看到。

冲（opposition）：从地球上看，行星位置恰好与太阳是完全对立的。

　　春分（vernal equinox）：太阳向北移动，穿过天体赤道：北方春分，南方秋分。在许多古老的文化中，它标志着一年的开始。

　　地外行星（superior planets）：指运转轨道在地球之外的行星。

　　冬至（solstice）：此时，地球的轴倾斜到最大角度（23.5 度），朝向太阳，南极大约是 12 月 22 日（南方夏至），北极大约是 6 月 21 日（南方冬至）。

　　蛾眉月（crescent moon）：指月盈或月缺或者上弦月之前或下弦月之后。

　　光度（magnitude）：测量天体明显亮度的指标。

　　光年（light-year）：光在一年内运动的距离，9.4607 亿公里。

　　光速（light speed）：每秒 299 792 公里。

　　合（conjunction）：指一颗行星与一颗恒星或另一颗行星在天空的结合 —— 当它们彼此在空中很

近的时候。当位于地球与太阳之间时，在地球轨道内的行星是"内合"，在远离太阳的一边时则称为"上合"，而在地球轨道外的行星只能达到"上合"。

黑洞（black hole）：指重力很强烈、任何星星都无法逃脱的太空区域，那里甚至没有光。

恒星（stars）：像光点一样遥远的星体。

黄道（ecliptic）：太阳绕地球自转产生的天体运行的路径。这是太阳系的平面，背景恒星沿着这条路径形成了宇宙星座。

彗星（comet）：指呈椭圆轨道、围绕太阳运行的小冰体。彗星大部分时间都在冰冻层，但周期性围绕太阳运行，足以近到被加热，最终形成模糊的头和尾巴。

昏星（evening star）：明亮的行星，往往是金星，在西方晚霞下可见。

火流星（fireball）：非常明亮的流星。

距角（elongation）：指行星与太阳之间的角

距离。

亏月（waning moon）：月亮一个周期的后半段，月亮向太阳运动，又一个新周期的开始。

蓝巨星（blue giant）：指体积巨大、温度超高、非常明亮的恒星。

两分点（equinox）：指一年中太阳两次穿过天体赤道。南半球秋分是 3 月 21 日，南半球春分是 9 月 22 日。

流星（meteor）：在地球的大气层燃烧时产生一道光芒的小粒子。

脉冲星（pulsar）：快速旋转、极其规律地发出短脉冲辐射的中子星。

满月（full moon）：指月亮完成 1/2 周期循环时所呈现的状态，此时月亮整个都是亮的且背对太阳。

南回归线（Tropic of Capricorn）：南半球夏至（北半球冬至）时所在地球上的纬度，南纬 23.5 度，此时，太阳正位于头顶上方。

内行星（inferior planets）：指在地球内部有轨道的行星：水星和金星。

逆行（retrograde motion）：指行星偏离背景恒星向后（西）运动的情况。

上弦月（first quarter moon）：指月亮完成 1/4 周期循环时所呈现的状态，发生于新月后第 7 天，此时，月亮有一半是亮的。

十二宫图（zodiac）：沿着黄道运行的 12 个星座：太阳、月亮和行星的运动路径。

曙暮光（twilight）：指太阳低于地平线时（黎明和黄昏时）所散发的光芒。

双星体（binary star）：指围绕一个共同的重心运转的两颗恒星。

岁差（precession）：地球摆动地轴完成一个周期要 26 000 年。

太阳或恒星（sun, or Sun）：指地球围绕其旋转的星体，"太阳"也指其他恒星。

天顶（zenith）：天球上直接位于观察者正上方的点，与地平线呈 90 度。

天极（celestial pole）：指地轴旋转在天体上的假想投影，是一颗明亮的恒星进行日常运转所围绕的点。

天球（celestial sphere）：指地球周围的一大假想球体，在这个球体内，天体都是固定的。

天体赤道（celestial equator）：指地球赤道在天球上的投影，它是将天空划分为两个相等半球的线。

天文单位（astronomical unit）：指地球和太阳之间的平均距离：149 597 870 公里。

下弦月（last quarter moon）：指月亮完成 3/4 周期循环时所呈现的状态，周期为 21 天，此时，月亮有一半是亮的。

小行星（asteroid）：指围绕太阳运转的小岩石体，宇宙中有成千上万颗，小到宛如卵石，大到直径为 1 000 公里。

偕日升（heliacal rising）：指看得见的恒星在太阳之前升起的现象。

新月（new moon）：在现代天文学中，指当月球位于地球和太阳之间，我们看不到月球时；而在古代天文学中，指当月球首次出现在西方天空时。

星系（galaxy）：独立于银河系之外、至少由100 万颗恒星组成的星系。

星云（nebula）：指由宇宙的气体和尘埃组成的云团。

星座（constellation）：恒星组成的可辨认的图案，用于将天空划分成 88 个区域。星座下的星体之间往往没有实质上的联系。

行星（planet）：指围绕恒星运转的星体。行星发光只能依靠其附属的恒星反射的光。

盈月（waxing moon）：月亮周期上半段，如月亮开始偏离太阳。

雨海（mare）：指月球表面的阴暗部分，一种坚硬的熔岩平原。

宇宙学（cosmology）：关于宇宙起源和本质的一门理论学科。

月相（phase）：月亮（内行星）朝向地球时被太阳照射的半球大小和形状明显的变化。

月周期（moon's cycle）：从一个新月到下一个新月需要的周期时间：29.53 天。

陨石（meteorite）：成功穿越地球大气层并到达地面的流星。

中午（noon）：太阳穿过子午线的时刻。

中子星（neutron star）：由恒星残骸压缩成的非常小、密度超高的中子天体。

子午线（meridian）：天球上的假想线，穿过南北天极并直接穿过头顶上空。当太阳、月亮或星星相交于子午线时，天空中的子午线达到其最高点。

星图表

　　此表列出了整个天空中 30 颗亮度最亮的恒星的星座和星图。恒星的光度表明其温度和颜色。光度从最热到最冷分别为：O 和 B- 蓝白色；A- 纯白色；F- 黄白色；G- 黄色；K- 金黄色到橙色；M- 橙色到红色。每一个类别的值从一个颜色到另一个颜色逐渐过渡。用一系列数字跟在字母后表示，在光谱里，0 是标准色（或纯色），而 9 差不多是下一个。例如，一颗 A0 型恒星就是纯白色，但 A5 型恒星其温度和颜色位于 A-F 型恒星之间。我们的太阳属于 G2 型。恒星的距离以光年计算。

恒星	星座	星位图	光等	距离（光年）
天狼星	大犬座	夏季	A1	9
老人星	船底座	南半球	A9	313
半人马座 阿尔法星	半人马座	南半球	G2	4
大角星	牧夫座	秋季，冬季	K1	37
织女星	天琴座	冬季	A0	25
五车二	御夫座	夏季	G6	42
参宿七	猎户座	夏季	B8	773
南河三	小犬座	夏季，秋季	F5	11
水委一	波江座	南半球	B3	144
参宿四	猎户座	夏季	M2	522
马腹一	半人马座	南半球	B1	526
牵牛星	天鹰座	冬季，春季	A7	17
毕宿五	金牛座	夏季	K5	65
南十字二	南十字座	南半球	B1	321
心宿二	天蝎座	冬季	M1	604
角宿一	处女座	秋季，冬季	B1	262
北河三	双子座	夏季，冬季	K0	34
北落师门	南鱼座	春季，夏季	A3	25
蒭藁增二[①]	鲸鱼座	春季，夏季	M5	418
十字架三	南十字座	南半球	B0	352
天津四	天鹅座	冬季	A2	1467

恒星	星座	星位图	光等	距离（光年）
轩辕十四	狮子座	秋季, 夏季	B7	77
弧矢七	大犬座	夏季	B2	431
北河二	双子座	夏季	A2	52
十字架一	南十字座	南半球	M3	88
策星②	仙后座		B0	613
尾宿八	天蝎座	冬季	B1	359
参宿五	猎户座	夏季	B2	243
五车五	金牛座	夏季	B7	131
南船五	船底座	南半球	A1	111

注：①蒭藁增二在大约一年的周期内亮度发生变化：当它最亮时，呈橙红色星体；而当它最暗时，只有通过望远镜才能看到。

②策星坐落在遥远的北方，在南半球是看不到的。

流星雨

此表列出了来自南部半球的 一些看得见的重要流星雨。在恒星图表上，它们被定义为一颗8分恒星和一个大写字母。此表罗列了每个流星雨的活跃时期以及达到高峰的日期。每小时天顶流星数（ZHR）指当辐射到达天顶、从一个黑暗的天空中观看时，每小时能够看到的流星数量。

流星雨名称	星位图	活跃时期	高峰日	每小时天顶流星数
南十字座 α 流星雨	A 南面	1 月 6 日—1 月 28 日	1 月 19 日	5
半人马座 α 流星雨	B 南面	1 月 28 日—2 月 21 日	2 月 7 日	25+*[①]

流星雨名称	星位图	活跃时期	高峰日	每小时天顶流星数
矩尺座 γ 流星雨	C 南面	2 月 25 日—3 月 22 日	3 月 14 日	8
孔雀座 β 流星雨	D 南面	3 月 11 日—4 月 16 日	4 月 7 日	13
天蝎座 α 流星雨	E 冬季	3 月 26 日—5 月 12 日	5 月 3 日	10
船底座 π 流星雨	F 南面	4 月 15 日—4 月 28 日	4 月 23 日	40*
宝瓶座 流星雨	G 春季	4 月 19 日—5 月 28 日	5 月 3 日	50
摩羯座 α 流星雨	H 冬季	7 月 3 日—8 月 25 日	7 月 30 日	8
飞马座 流星雨	I 春季	7 月 7 日—7 月 11 日	7 月 10 日	8
南宝瓶座 流星雨	J 春季	7 月 8 日—8 月 19 日	7 月 29 日	20
南鱼座 流星雨	K 春季	7 月 9 日—8 月 17 日	7 月 29 日	8
北宝瓶座 流星雨	L 春季	7 月 15 日—8 月 25 日	8 月 12 日	5
金牛座 流星雨	M 夏季	9 月 15 日—11 月 25 日	11 月 3 日	10
猎户座 流星雨	N 夏季	10 月 2 日—11 月 7 日	10 月 22 日	25

流星雨名称	星位图	活跃时期	高峰日	每小时天顶流星数
麒麟座 α 流星雨	O 夏季	11 月 15 日—11 月 25 日	11 月 21 日	5
狮子座 流星雨	P 秋季	11 月 16 日—11 月 19 日	11 月 17 日	15**[2]
凤凰座 流星雨	Q 南面	11 月 28 日—12 月 9 日	12 月 6 日	100*
双子座 流星雨	R 夏季	12 月 13 日—12 月 15 日	12 月 14 日	120*

注:①＊该表所示仅为某些年所观察到的流星数量;在其他年份更少。

②＊＊这是每年观察到的每小时的正常流星数量,但在某些年份(每隔33年)流星数量可攀升至上千颗。这些现象被称作"流星暴雨"。

春季星

月初时，在以下时刻朝向正北观看到的南夜空：

6 月：凌晨 5 点

7 月：凌晨 3 点

8 月：凌晨 1 点

9 月：夜间 11 点

10 月：夜间 9 点

夏季星

月初时，在以下时刻朝向正北观看到的南夜空：

11 月：凌晨 4 点

12 月：凌晨 2 点

1 月：午夜 12 点

2 月：夜间 10 点

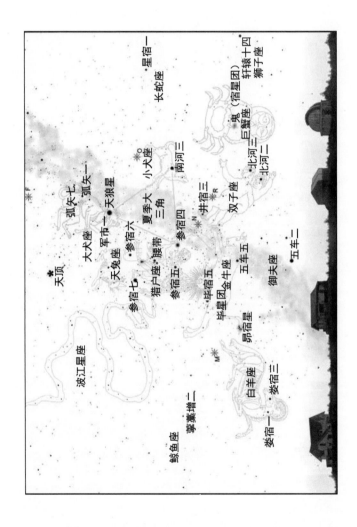

秋季星

月初时，在以下时刻朝向正北观看到的南夜空：

1 月：凌晨 4 点

2 月：凌晨 2 点

3 月：午夜 12 点

4 月：夜间 9 点

5 月：夜间 7 点

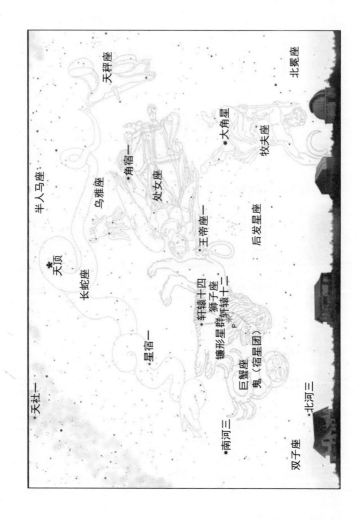

冬季星

月初时, 在以下时刻朝向正北观看到的南夜空:

4 月: 凌晨 3 点

5 月: 凌晨 1 点

6 月: 夜间 11 点

7 月: 夜间 9 点

8 月: 夜间 9 点

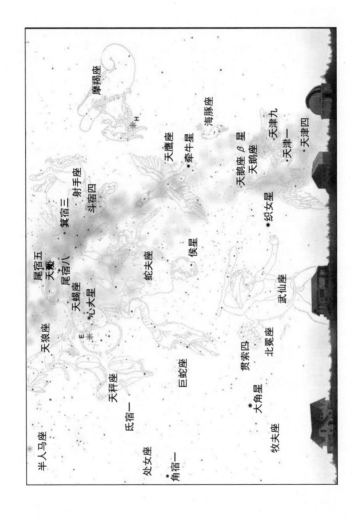

南天星

　　朝向正南方观看到的南夜空。有一个圆包含了极地附近的恒星，这些恒星永远不会从新西兰落下。旋转这幅图，当下的季节便在最下面，而这个圆的底部就会接近地平线的位置。这个点下面的恒星是低于地平线的，其上面则是那个季节（同一季节里，与北夜空图表中给出的日期和时间相同）与南夜空相吻合的恒星。

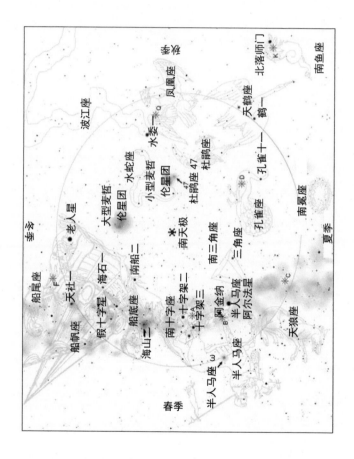